Julius Wilm
Ein deutscher Revolutionär im Amt

Dialektik des Globalen

—

Herausgegeben vom Sonderforschungsbereich 1199
„Verräumlichungsprozesse unter
Globalisierungsbedingungen"
der Universität Leipzig, dem Leibniz-Institut für
Geschichte und Kultur des östlichen
Europa, der Technischen Universität Dresden
und dem Leibniz-Institut für Länderkunde

Band 12

Julius Wilm

Ein deutscher Revolutionär im Amt

—

Carl Schurz und der Niedergang der
Minderheitenrechte in den USA der 1870er-Jahre

Gefördert von der Deutschen Forschungsgemeinschaft

ISBN 978-3-11-143082-9
e-ISBN (PDF) 978-3-11-143179-6
e-ISBN (EPUB) 978-3-11-143226-7
ISSN 2570-3900

Library of Congress Control Number: 2024932268

Bibliografische Information der Deutschen Nationalbibliothek
Die Deutsche Nationalbibliothek verzeichnet diese Publikation in der Deutschen Nationalbibliografie; detaillierte bibliografische Daten sind im Internet über http://dnb.dnb.de abrufbar.

© 2024 Walter de Gruyter GmbH, Berlin/Boston
Einbandabbildung: Delegation der Utes in Washington, D.C., Anfang 1880. Von links nach rechts: Ignacio (Anführer der Southern Utes), Carl Schurz, Woretsiz, Ouray (Anführer der Uncompahgre), General Charles Adams, Chipeta (Uncompahgre). (Quelle: J. Paul Getty Museum, Los Angeles.)
Satz: bsix information exchange GmbH, Braunschweig
Druck und Bindung: CPI books GmbH, Leck

www.degruyter.com

Inhaltsverzeichnis

Carl Schurz: Ein 1848er im Widerstreit —— 1

1   Volkssouveränität als Kritik imperialer Herrschaft —— 8

2   Volkssouveränität als Affirmation imperialer Herrschaft —— 14

3   Das Recht weißer Südstaatler auf Selbstbestimmung —— 18

4   Die zivile Verwaltung der Indianerangelegenheiten —— 32

5   Die Umsiedelung der Colorado Utes als Vorwegnahme der Zwangsassimilation —— 36

6   Werben für die Zwangsassimilation —— 43

Geschichte, Erinnerung und Verklärung —— 57

Zeittafel —— 68

Literatur —— 71

Register —— 77

Carl Schurz: Ein 1848er im Widerstreit

„Wenn wir die Ute-Mörder nicht fangen können, dann lassen wir ihre Großmütter verhungern."[1] Mit diesen drastischen Worten warf die *Washington Post* am 26. Januar 1880 dem US-Innenminister Carl Schurz vor, unschuldige indigene alte Männer, Frauen und Kinder mutwillig verhungern zu lassen. Die Zeitung schlug damit einen Ton an, der in seiner Schärfe keineswegs außergewöhnlich war. Die Indianerpolitik von Schurz, der 1829 in Liblar bei Köln geboren wurde und 1848 als demokratischer Revolutionär seinen politischen Werdegang in Deutschland begonnen hatte, wurde ebenso wie andere minderheitenpolitische Positionen des Rheinländers immer wieder als brutal und inhuman kritisiert. Besonders große Reichweite in der weißen Mehrheitsgesellschaft erreichten die Stellungnahmen von Reformern wie Helen Hunt Jackson, die in der *New York Tribune* ab 1879 regelmäßig zu Wort kam. In seiner Zeitung *New National Era* veröffentlichte der afroamerikanische Intellektuelle Frederick Douglass bereits 1870 scharfsinnige Analysen der Abkehr Schurz' von der Verteidigung afroamerikanischer Rechte in den Südstaaten. Indigene Kommentatoren wie der Cherokee-Anführer Dennis W. Bushyhead äußerten entschiedene Kritiken an der von Schurz in die Wege geleiteten Zwangsassimilationspolitik, die den Kritisierten zu öffentlichen Entgegnungen zwangen. Die minderheitenpolitischen Positionen Schurz' waren zu dessen Lebzeiten weder unumstritten noch galten sie als die denkbar humansten Alternativen.

Nachdem Carl Schurz 1906 in New York verstorben war, setzte auf beiden Seiten des Atlantiks eine stark stilisierte Erinnerung ein. Ein Denkmal, das 1913 am Morningside Park in New York aufgestellt wurde, ehrt Schurz als „Verfechter der Freiheit und Freund der Menschenrechte". Vor allem in Deutschland ist dieses Bild bis in die Gegenwart prägend.[2] In zahlreichen aktuellen Ehrungen und populärbiografischen Beiträgen wird Schurz als Vorkämpfer demokratischer Werte und Vertreter einer progressiven deutsch-amerikanischen Tradition gefeiert. Wenig findet sich in diesen Darstellungen über die von ihm in den 1870er- und 1880er-Jahren verantwortete Politik und deren kontroverse Bewertung zu seiner eigenen Zeit. Schurz gilt als ein besonders vorbildlicher Demokrat, der konsequent für die Prinzipien der Volkssouveränität und der Gleichheit aller Menschen eingetreten sei, während der Revolution 1848/49 in Deutschland und im US-Bürgerkrieg

---

[1] „Mr. Schurz and the Utes", *Washington Post*, 26. Januar 1880. Zum genaueren Zusammenhang siehe Kapitel 5 dieser Studie.
[2] Zur eher zurückhaltenden Schurz-Erinnerung in den USA siehe: Nicholas Lemann, „What to Do with Monuments Whose History We've Forgotten", *The New Yorker*, 26. November 2017, https://www.newyorker.com/news/news-desk/what-to-do-with-monuments-whose-history-weve-forgotten.

sogar unter Einsatz des eigenen Lebens. Auch sein Wirken als US-Senator (1869 bis 1875) und als Innenminister der Vereinigten Staaten (1877 bis 1881) werden im Wesentlichen so gedeutet.[3] Neben der mehr von Journalisten und Politikern als von Historikern gepflegten Schurz-Verehrung entstand seit den 1960er-Jahren in den USA eine geschichtswissenschaftliche Literatur, welche die von Schurz mit verantworteten innenpolitischen Weichenstellungen weit kritischer analysiert.[4] Die Kluft zwischen populärhistorischen Schurz-Bildern in Deutschland und dieser Forschung inspirierte mich im Frühjahr 2022 zur Veröffentlichung einer Kritik im Blog „Geschichte der Gegenwart". Deutsche erinnerungspolitische Akteure hatten in den Monaten zuvor Schurz vermehrt als einen aufrechten Kämpfer gegen Rassismus und für gleiche Rechte bemüht. Im Schloss Bellevue, dem Amtssitz des Bundespräsidenten, sollte eine Büste aufgestellt werden, und das Land Nordrhein-Westfalen bezuschusste trotz knapper Finanzlage großzügig ein neues Public-History-Projekt.[5] Unter dem Titel „Jenseits der Legende vom guten Deutschen" versuchte ich zu zeigen, dass Schurz sich als Senator ab 1870 gegen die sogenannte „Reconstruction" wendete, d. h. gegen die Bundesinterventionen zum Schutz afroamerikanischer Bürgerrechte in den Südstaaten. Als Innenminister unter dem Präsidenten Rutherford B. Hayes leitete er von 1877 bis 1881 eine Zwangsassimilationspolitik gegen Indigene ein, was zur Errichtung von brutalen Umerziehungsanstalten für indigene Kinder und in den Folgejahrzehnten zu empfindlichen

---

3 Mit mancher Nuance findet sich diese heroisierende Grundtendenz z. B. in folgenden neueren Publikationen: Uwe Timm, „Carl Schurz. Ein deutscher Revolutionär als amerikanischer Staatsmann", in *Wegbereiter der deutschen Demokratie. 30 mutige Frauen und Männer, 1789–1918*, hrsg. von Frank-Walter Steinmeier (München: C. H. Beck, 2021) 265–276; Peter T. Lubrecht Sr., *Carl Schurz, German-American Statesman: My Country Right or Wrong* (Charleston, SC: America Through Time, 2019); Rudolf Geiger, *Der deutsche Amerikaner: Carl Schurz – vom deutschen Revolutionär zum amerikanischen Staatsmann* (Germering: Selbstverlag, 2016); Wolfgang Hochbruck und Aynur Erdogan, *Carl Schurz* (Freiburg: Carl-Schurz-Haus, 2012); Walter Keßler, *Carl Schurz: Kampf, Exil und Karriere* (Köln: Greven, 2006).
4 Siehe z. B. John G. Sproat, *The Best Men: Liberal Reformers in the Gilded Age* (London: Oxford University Press, 1968); Dee Brown: *Begrabt mein Herz an der Biegung des Flusses* (München: Knaur, 1972); Wilcomb E. Washburn, *The Assault on Indian Tribalism: The General Allotment Law* (Philadelphia: J. B. Lippincott Company, 1975); Eric Foner, *Reconstruction: America's Unfinished Revolution, 1863–1877* (New York: Harper and Row, 1988).
5 Siehe Frank-Walter Steinmeier, „Rede: Buchpräsentation Wegbereiter der deutschen Demokratie", 23. November 2021, https://www.bundespraesident.de/SharedDocs/Reden/DE/Frank-Walter-Steinmeier/Reden/2021/11/211123-Wegbereiter-Demokratie.html; Ministerium für Heimat, Kommunales, Bau und Digitalisierung des Landes Nordrhein-Westfalen, „Ministerin Scharrenbach: Erbe des Urdemokraten Carl Schurz bewahren – Heimatförderung zur Erinnerung an den Freiheitshelden aus Erftstadt-Liblar", 2. März 2022, https://www.mhkbd.nrw/presse-und-medien/pressemitteilungen/ministerin-scharrenbach-erbe-des-urdemokraten-carl-schurz-bewahren-heimatfoerderung-zur-erinnerung-den-freiheitshelden-aus-erftstadt-liblar.

Landverlusten der verbliebenen Reservationen führte.[6] Infolge meines Artikels sagte das Bundespräsidialamt die Aufstellung der Büste vorerst ab. Auf diesen Schritt folgte eine teilweise nachdenkliche, mitunter aber auch wütende Debatte über die Bewertung der bislang weithin ignorierten Seiten des 1848ers.[7]

Ohne Zweifel rührte ein Teil der Verwunderung und der sich daraus speisenden empörten Zurückweisung der Kritik daher, dass sich von Schurz – wie von manch anderer historischer Ikone – ein Bild verfestigt hat, das den quellenkritisch verbürgten Forschungsstand schlicht ignoriert. Schurz gilt als Vertreter liberaler Werte und von Minderheitenrechten; die spezifischen Zusammenhänge seines Wirkens dienen eher zur Bebilderung dieser ‚erbaulichen Erzählung', als dass das Lob aus einer tatsächlichen Auseinandersetzung mit der Geschichte und Schurz' Rolle darin abgeleitet wäre.[8] Neben einem unbedarften Umgang mit der Quellenlage und der vorhandenen kritischen Literatur verweisen manche Rettungsversuche zugleich auf Leerstellen im Verständnis der widersprüchlichen Verzahnung demokratischer und imperialer Herrschaftsformen in den USA im letzten Drittel des 19. Jahrhunderts. Weil Schurz vielfach im Namen einer emphatischen Demokratiekonzeption gegen Regierungs- und Verwaltungspraktiken auftrat, wird davon ausgegangen, dass seine Stellungnahmen in Fragen der Behandlung rechtlich nicht gleichgestellter Minderheiten trotz mancher Begrenzung eine Abmilderung imperialer Muster, wenn nicht rechtliche Aufwertung implizierten.

In der *Süddeutschen Zeitung* tat Joachim Käppner meine Kritik ab als das Werk einer „identitätspolitischen Linken", die sich generell gegen historische Kontextualisierung und Erklärung sperre. Als wesentlichen Kontext machte er geltend, die Zwangserziehung indigener Kinder sei in einem progressiven Verständnis vollzogen worden und habe eine angeblich drohende militärische Vernichtung abgewendet. Obgleich Schurz Fehler begangen habe, müsse hervorgehoben werden, dass der demokratische Reformer doch immerhin Schlimmeres verhindert habe.[9]

---

6 Siehe Julius Wilm, „Jenseits der Legende vom guten Deutschen: Carl Schurz in den USA – Geschichte der Gegenwart", 24. April 2022, https://geschichtedergegenwart.ch/jenseits-der-legende-vom-guten-deutschen-carl-schurz-in-den-usa/.
7 Siehe Dirk Kurbjuweit, „Kein Held ist perfekt", *Der Spiegel*, 14. Mai 2022; Carl-Schurz-Haus Freiburg, „Ein Abend über Carl Schurz – Zwischen transatlantischer Heldenverehrung und postkolonialer Kritik. Podiumsdiskussion", 7. Juli 2022, https://www.youtube.com/watch?v=H_mNmm0DY-TY; Birgit Baumann, „Kratzer am Lack eines deutschen Helden", *Der Standard*, 26. Mai 2022, https://www.derstandard.de/story/2000136018325/kratzer-am-lack-eines-deutschen-helden. Wütende Reaktionen kamen vonseiten einiger Teilnehmer der Freiburger Podiumsdiskussion und sind zudem in den Leserkommentaren zu dem *Standard*-Beitrag zu finden.
8 Zur Geschichte der Schurz-Bilder siehe das abschließende Kapitel dieser Abhandlung.
9 Joachim Käppner, „Der Gesang der eisernen Lerche", *Süddeutsche Zeitung*, 5. Oktober 2022.

Eine ähnliche Einordnung von Schurz bot auch John Nichols, ein Journalist bei der Zeitschrift *Nation*, im Rahmen einer Veranstaltung des Freiburger Carl-Schurz-Hauses am 15. Oktober 2022.[10] In seinem Vortrag, der den Wert von Schurz und Walt Whitman für heutige politische Debatten auslotete, stellte Nichols ein Schurz-Zitat aus der Senatsdebatte vom 14. März 1873 vor: „Es gehört mehr dazu, eine Republik zu schaffen und zu erhalten, als die bloße Abwesenheit eines Königs, und [...] wenn eine Republik zerfällt, ist ihre Seele geneigt, zuerst zu sterben, während die äußere Form noch andauert [...]."[11] Das Zitat dokumentiert laut Nichols Sorgen über den zunehmenden Einfluss des Ku-Klux-Klans in den Südstaaten; es sei zu lesen als Vorgriff auf die Ideale, die der Jahrzehnte später erfolgten Ausweitung demokratischer Rechte auf Frauen und Indigene sowie schließlich der von den Präsidenten Eisenhower und Kennedy in den 1950er- und 1960er-Jahren angeordneten Durchsetzung von Bürgerrechten für Afroamerikaner in den Südstaaten zugrunde lagen. Der Kontext der zitierten Rede lässt diese Interpretation jedoch sehr fragwürdig erscheinen. „Mehr als je zuvor hat die Regierung der Vereinigten Staaten ihre Aufgaben über ihren rechtmäßigen Zuständigkeitsbereich hinaus ausgedehnt", konkretisiert Schurz an einer Stelle seine Warnung.[12] Er meinte damit vor allem, wie er in Reden dieser Zeit darlegt, die US-Regierung verletze mit der Stationierung von Bundestruppen im Süden, welche die Bürgerrechte von Afroamerikanern sichern sollten, das Selbstbestimmungsrecht der weißen Südstaatler. In Greensboro, North Carolina erklärte Schurz am 27. Juli 1872:

> „Es hatte Unruhen [im Süden] gegeben; vergessen wir nicht, dass es Verfolgungen um der Meinung willen gegeben hatte, und der Bericht darüber erregte die Ängste und die Sympathien der Menschen im Norden. Aber einige von uns, die diese Gefahr erkannten, sahen auch die Gefahr eines Rechtsschutzes für einige wenige auf Kosten der Freiheit eines ganzen Volkes. Wir waren der Meinung, dass die Kontrolle dieser Angelegenheiten der lokalen Selbstverwaltung überlassen werden sollte. Wir glauben, dass die Ausschreitungen übertrieben waren und dass die Täter besser durch einen Appell an ihre edleren Impulse erreicht werden können."[13]

Das Einfordern demokratischen Regierungshandelns bedeutete für Schurz hier also, dass die Behandlung von Afroamerikanern der selbstbestimmten Entschei-

---

10 John Nichols, „What Carl Schurz and Walt Whitman Teach Us About Today's Struggle for Democracy" (Democratic Vistas – A One Day Pop-Up Think Tank, Carl-Schurz-Haus Freiburg, 15. Oktober 2022), https://www.youtube.com/watch?v=YwHk_0w0pPg.
11 Carl Schurz, „Election of Senator Caldwell", 14. März 1873, in *Speeches, Correspondence and Political Papers of Carl Schurz*, hrsg. von Frederic Bancroft, Bd. 2 (New York: G. Putnam's Sons, 1913), 469.
12 Ebd., 463.
13 „Schurz in Greensboro", *Charleston Daily News*, 30. Juli 1872.

dungsgewalt weißer Südstaatler zu überlassen sei und dass angeblich übergriffige Regierungsinterventionen abzulehnen seien. Für Nichols fiel das Einfordern von Demokratie dagegen mit dem Ruf nach gleichen Rechten für bislang Marginalisierte zusammen. Er missverstand Schurz' Appell, weil er ihn in der Perspektive der eigenen Ideale interpretierte, statt die Stellungnahme in ihrem historischen Kontext zur Kenntnis zu nehmen.

Eine kritischere Einordnung nahm die Historikerin Hedwig Richter in einem Blog-Beitrag für die Bundeszentrale für politische Bildung vor: „Schurz und viele andere Republikaner" seiner Zeit seien überzeugt gewesen von der Minderwertigkeit von Afroamerikanern und Indigenen und hätten entsprechend gehandelt. Über diese historische Belastung könne man nicht hinwegsehen.[14] Mit dieser Einordnung verblasst Schurz allerdings als Akteur, der den In- und Ausschluss von Bevölkerungsgruppen aus der US-amerikanischen politischen Gemeinschaft nicht nur zeittypisch nachvollzog, sondern daran an prominenter Stelle und mit wechselnder Ausrichtung mitwirkte. Warum radikale Befürworter gleicher Rechte Schurz zunächst bewunderten, sich dann aber von ihm abwendeten, bleibt unverständlich.

Die vorliegende Studie möchte eine möglichst umfassende kritische Rekonstruktion von Carl Schurz' Interventionen zur Reconstruction in den Südstaaten und zur Indianerpolitik in den 1870er- und frühen 1880er-Jahren vornehmen. Anhand dieser Rekonstruktion wird gleichzeitig das widerspruchsvolle und vielschichtige Verhältnis von demokratischer Reform und imperialer Politik in den USA des späten 19. Jahrhunderts neu beleuchtet. Wie ich zu zeigen versuche, konnte demokratische Reform ganz Unterschiedliches bedeuten. Zwar wendete sich in der Nachbürgerkriegszeit ein einflussreiches Spektrum demokratischer Kritiker gegen imperiale Herrschaftsformate überhaupt und forderte eine Ausweitung demokratischer Rechte auf befreite ehemalige Sklaven in den Südstaaten und die rechtliche Gleichstellung indigener Gemeinwesen; ebenfalls im Namen der Volkssouveränität und demokratischen Normen agierte jedoch ein sich ‚realistisch' gebendes Lager, das europäischstämmige US-Bürger als einzige legitime Träger vollwertiger Staatsbürgerrechte betrachtete, womit auch ein Recht auf Herrschaft über andere Ethnien einhergehen sollte. ‚Demokratisierung' im Sinne des zweiten Lagers bedeutete wesentlich die ‚Selbstbestimmung' weißer Männer, der die Staatsgewalt nicht im Wege stehen dürfe – auch nicht in Fragen der Behandlung kolonisierter Bevölkerungen. Carl Schurz hat sich immer als ein besonders prinzipienfester Vertreter demokratischer Normen verstanden, doch seine Positionie-

---

[14] Hedwig Richter, „Carl Schurz", Bundeszentrale für politische Bildung, 7. März 2023, https://www.bpb.de/themen/zeit-kulturgeschichte/revolution-1848-1849/518239/carl-schurz/.

rung dazu, für wen Rechtsgleichheit und Selbstbestimmung gelten sollten, änderte sich grundlegend.

Die Studie folgt in grober Chronologie der Entwicklung von Schurz' politischen Konzeptionen der Nachbürgerkriegszeit und greift dabei auf zahlreiche bisher nicht berücksichtigte deutsch- und englischsprachige Quellen zurück. Besonderer Wert wird auf eine ausführliche Kontextualisierung gelegt, und so weit möglich wird kritischen indigenen und afroamerikanischen Kommentatoren besonderer Raum gegeben, auch weil diese sogar in den existierenden kritischen Darlegungen bislang fehlen.[15] Biografische Darstellungen verweisen – wie Schurz selbst – vielfach auf diplomatische Freundschaftsformeln und Gastgeschenke von indigenen Vertretern als Ausdruck angeblicher Zustimmung oder gar Freude über dessen Politik.[16] Auf ähnliche Weise wird eine lobende Trauerrede des afroamerikanischen Leiters des Tuskegee Institute, Booker T. Washington, der die Anpassung an den Machtanspruch der weißen Vorherrschaft als Strategie des zumindest relativen Fortkommens von Afroamerikanern befürwortete, als Ausdruck der Freundschaft „der" Afroamerikaner gelesen.[17] Es soll gezeigt werden, dass es außer diesen positiven Äußerungen weit kritischere gab. Und es wird dafür plädiert, auch das Lob im Kontext kolonialer Machtungleichheiten zu lesen. Indigenen und afroamerikanischen Akteuren *musste* strategisch daran gelegen sein, Schurz mit entsprechenden Gesten ein bisschen Wohlwollen abzutrotzen, denn auf rechtlich

---

15 Obwohl Schurz nicht selten in historischen Forschungen auftaucht, liegt bislang nur eine wissenschaftlichen Ansprüchen genügende Biografie vor aus dem Jahr 1982 (2. Aufl. 1998) von dem Historiker Hans Trefousse. Diese Biografie stellt die Abkehr von der Reconstruction kritisch dar, auch wenn diese Wendung nicht in ihrer ganzen Tragweite reflektiert wird. Zudem übernehmen das Buch und ein Aufsatz von Trefousse in ihrer Diskussion der Indianerpolitik in großen Teilen Schurz' eigene schönfärberische Darstellung. Die gehaltvollste Studie zur Entwicklung von Schurz' Position zu afroamerikanischen Bürgerrechten bis 1877 ist eine Monografie aus dem Jahr 2013 von der Historikerin Alison Clark Efford über deutsche Immigranten in der Bürgerkriegszeit. Siehe Hans Trefousse, *Carl Schurz: A Biography* (New York: Fordham University Press, 1998), 2; Hans Trefousse, „Carl Schurz and the Indians", *Great Plains Quarterly* 4, Nr. 2 (1984): 109–20; Alison Clark Efford, *German Immigrants, Race, and Citizenship in the Civil War Era* (Cambridge, UK: Cambridge University Press, 2013).
16 Siehe z. B. Trefousse, *Carl Schurz*, 245; Keßler, *Carl Schurz*, 101; Lubrecht Sr., *Carl Schurz, German-American Statesman*, 141, 142.
17 Booker T. Washington, „Address of Dr. Booker T. Washington", November 21, 1906, in *Addresses in Memory of Carl Schurz* (New York: New York Committee of the Carl Schurz Memorial, 1906), 38–41. Trefousse schreibt mit Verweis auf Washington wörtlich: „The blacks [...] continued to consider him a good friend." Trefousse, *Carl Schurz*, 292. Der Nachruf Washingtons ist als einzige afroamerikanische Quelle einem Unterrichtsvorschlag zu Carl Schurz des Arbeitskreises Landeskunde Baden-Württemberg beigegeben. Siehe Christiane Weigel, „Demokratische Erinnerungskultur in Deutschland und den USA: Carl Schurz und sein Leben für die Demokratie", Landesbildungsserver Baden-Württemberg, 2016, https://www.schule-bw.de/.

gleicher Position oder gar auf Augenhöhe konnten sie ihm und seinem Umfeld nicht begegnen – nicht zuletzt aufgrund jener Strukturen der weißen Vorherrschaft, die Schurz' Engagement der 1870er-Jahre unterstützte. Zeitgenossen war diese strategische Dimension des vermeintlichen Lobes durchaus bewusst. Im Mai 1880 antwortete Senator Henry L. Dawes in einer öffentlichen Anhörung auf Schurz' Hinweis auf angeblichen indigenen Zuspruch: „Der Abhängige neigt überall auf der Welt dazu, die Hand zu küssen, die ihn füttert."[18]

Im Folgenden wird ein neues historisches Argument entwickelt; zugleich unternimmt die Studie eine Intervention in die deutsche geschichtspolitische Debatte. Um dem Zweck zu genügen, eine möglichst breite Leserschaft anzusprechen, wurden sämtliche englischsprachigen Zitate von mir ins Deutsche übersetzt. Innerhalb der übersetzten Zitate wird auf zeitgenössische deutsche Synonyme für die Bezeichnungen von Ethnien auch dann zurückgegriffen, wenn diese im heutigen Kontext als anstößig betrachtet werden. Es spricht in diesen Fällen immer der Zitierte – nicht der Zitierende. Auch feststehende bürokratische Benennungen werden trotz veralteter Bezeichnungen möglichst analog übersetzt (z. B. „Indianerpolitik"). Einzig um der Lesbarkeit willen wird die männliche Form von Bezeichnungen auch dann benutzt, wenn Frauen (z. B. im Begriff „Reformer") selbstverständlich mitgemeint sind. Wichtige Punkte zur rechtlichen Situation von Afroamerikanern und Indigenen seit den 1860er-Jahren sowie zentrale Begriffe werden in der Zeittafel im Anhang kurz erklärt, um die mitunter komplizierten historischen Vorgänge verständlicher zu machen. Die Auswirkungen der von Schurz mit angestoßenen politischen Weichenstellungen werden in diesem Anhang ebenfalls in kurzer Form dargestellt.

---

18 Henry L. Dawes, 15. Mai 1880, in Senate Report 670, 46th Cong., 2nd sess., 376.

1 Volkssouveränität als Kritik imperialer Herrschaft

Seit ihrer Gründung und bis ins 20. Jahrhundert hinein verbanden die Vereinigten Staaten die Merkmale eines Nationalstaats mit denen eines Imperiums.[1] Die Unabhängigkeitserklärung von 1776 und die Verfassung von 1789 verpflichteten die Regierung dazu, den Interessen ihrer europäischstämmigen Bürger zu dienen. In der Regierungspraxis bedeutete dies vor allem, dass der Staat die Freiheit und das Eigentum seiner Bürger zu sichern suchte und seine Macht nutzte, um die Bedingungen für das allgemeine Fortkommen von Privateigentümern zu fördern („pursuit of happiness"). Während sich die neue Nation auf Volkssouveränität gründete und verpflichtete, stützten sich ihre territorialen Ambitionen und ihre Wirtschaft entscheidend auf imperiale Formen der Herrschaft über außereuropäische Bevölkerungen. Die Plantagenwirtschaft des Südens beruhte auf der Ausbeutung versklavter Afrikaner, denen nicht die Rechte von Bürgern zugestanden wurden, sondern die mit Gewalt zum Nutzen ihrer Ausbeuter beherrscht wurden. Zusätzlich zu ihrem Territorium an der Ostküste beanspruchten die Vereinigten Staaten ein riesiges Gebiet im Westen. Dieser imperiale Ergänzungsraum wurde von indigenen Gemeinwesen bewohnt und bewirtschaftet. Dennoch gingen die politischen Gründerväter der USA davon aus, dass die indigenen Völker vertraglich und gewaltsam untergeordnet und auf lange Sicht beseitigt würden, um Platz für die expandierende amerikanische Gesellschaft zu schaffen. Die USA konsolidierten sich und expandierten bis in die 1850er-Jahre an die Pazifikküste als Nationalstaat mit imperialen Ergänzungen.[2] Seit den Gründungsjahren wurde der Dualismus von Demokratie (wobei das Wahlrecht zunächst auf wohlhabende Landbesitzer beschränkt war, im Laufe der 1810er- und 1820er-Jahre aber auf alle weißen Männer ausgeweitet wurde) und imperialer Herrschaft kontrovers diskutiert. Radikale kritisierten imperiale Herrschaftsformen vom Standpunkt der Demokratie aus und forderten

---

1 Siehe Roxanne Dunbar-Ortiz, *Not „A Nation of Immigrants": Settler Colonialism, White Supremacy, and a History of Erasure and Exclusion* (Boston: Beacon Press, 2021), 18–82; Richard H. Immerman, *Empire for Liberty: A History of American Imperialism from Benjamin Franklin to Paul Wolfowitz* (Princeton, NJ: Princeton University Press, 2012), 10–11; Frank Schumacher, „Reclaiming Territory: The Spatial Contours of Empire in US History", in *Spatial Formats under the Global Condition* hrsg. von Matthias Middell und Steffi Marung (Berlin/Boston: De Gruyter Oldenbourg, 2019), 107–48.
2 Für eine Diskussion der widersprüchlichen, aber einflussreichen Kombination von imperialen und nationalen Verräumlichungsimperativen im 18. und 19. Jahrhundert siehe Megan Maruschke, „The French Revolution and the New Spatial Format for Empire: A Nation-State with Imperial Extensions", *French Historical Studies* 44, Nr. 3 (2021): 499–528.

gleiche Rechte für alle.³ Bis zum Aufbrechen des Nord-Süd-Gegensatzes im Bürgerkrieg von 1861 bis 1865 arrangierte sich aber der politische Mainstream lagerübergreifend damit, dass die USA zwar als demokratische Gesellschaft weißer Bürger organisiert waren, als wesentliche Ressource ihres Reichtums und ihrer Macht aber auf imperiale Herrschaftspraktiken zurückgriffen.

Als Schurz 1852 als gerade erst Dreiundzwanzigjähriger in die USA auswanderte, konnte er bereits auf politische Kämpfe zurückblicken. Nach der Teilnahme an der gescheiterten Revolution von 1848/49 und anschließenden militärischen Rückzugsgefechten in Baden war er aus dem Schweizer Exil nach Preußen zurückgekehrt, um in einer spektakulären Aktion seinen Lehrer und Freund Gottfried Kinkel aus dem Spandauer Zuchthaus zu befreien.⁴ Die Gesellschaft der Vereinigten Staaten stellte für den jungen Schurz einerseits die Verwirklichung der demokratischen Prinzipien dar, für die er in Deutschland gekämpft hatte, andererseits maß er die gesellschaftliche Realität kritisch an den Idealen der Volkssouveränität. In seiner Wahlheimat Wisconsin machte er sich ab Mitte der 1850er-Jahre einen Namen als Redner der neu gegründeten Republikanischen Partei. In seinen Reden, die er zunächst auf Deutsch, dann aber auch auf Englisch hielt und mit denen er bald ein Publikum weit über Wisconsin hinaus erreichte, prangerte er die Sklaverei als unvereinbar mit den Prinzipien der Demokratie an. Am 28. September 1858 erklärte er in der Chicagoer Mechanics' Hall:

> „Wenn in einem demokratischen Gemeinwesen ein mächtiges Individuum, eine Vereinigung oder eine Klasse von Menschen auftritt, deren Ansprüche und Anmaßungen mit den natürlichen Rechten des Menschen im allgemeinen oder mit den legitimen Ansprüchen anderer Individuen in Konflikt stehen und die ihre eigenen besonderen Interessen über alle anderen Erwägungen stellen, kann man wohl sagen, dass die Freiheiten des Volkes in Gefahr sind. [...] Die Volkssouveränität im wahren Sinne des Wortes ist die Souveränität aller Individuen, die so organisiert ist, dass sie dem kollektiven Willen einen gemeinsamen Ausdruck verleiht, der nur durch die natürlichen Rechte des einzelnen Menschen begrenzt ist. Ihre Grundlage kann keine andere sein als die Anerkennung der Gleichberechtigung aller Menschen. Sie kann auf keiner anderen Voraussetzung beruhen als der, dass alle Menschen frei sind und dass keine Einrichtung, die diesem Grundsatz widerspricht, von sich aus ein Recht auf Existenz hat."⁵

Die Argumentation hatte zwei Ebenen. Zum einen verstoße die Sklaverei gegen die Naturrechte der Versklavten. Gleichzeitig jedoch, und dies hob Schurz beson-

---

3 Siehe z. B. Sean Wilentz, *Chants Democratic: New York City and the Rise of the American Working Class, 1788–1850* (Oxford: Oxford University Press, 2004).
4 Siehe Trefousse, *Carl Schurz*, 14–44.
5 Carl Schurz, „The Irrepressible Conflict", 28. September 1858, in *Speeches of Carl Schurz* (Philadelphia, PA: J. B. Lippincott & Co., 1865), 11, 20.

ders hervor, schädige die Machtposition der Sklavenbesitzer und deren ausufernder Anspruch, die US-Regierung für ihre Belange einzunehmen, die demokratische Selbstbestimmung der Bürger in den Nordstaaten. Der starke Bezug auf das Eigeninteresse von weißen Nordstaatlern verlieh der Sklavereikritik politische Schlagkraft, deutete aber gleichzeitig Begrenzungen der Gleichheitskonzeption an. Schurz unterschied zudem explizit zwischen rechtlicher Gleichheit, die unabhängig von der Hautfarbe für alle zu gelten habe, und sozialer Gleichheit zwischen Schwarz und Weiß, die in absehbarer Zeit nicht erreichbar sei. Im politischen Spektrum der Republikanischen Partei war Schurz jedoch ein radikaler Fürsprecher rechtlicher Gleichstellung.

Abb. 1: Carl Schurz, ca. 1860–70. (Quelle: National Portrait Gallery, Washington, D. C.)

Nachdem die Südstaateneliten die Wahl Abraham Lincolns Anfang 1861 mit Sezession und Krieg gegen die US-Regierung beantwortet hatten, verband Schurz die Forderung nach rechtlicher Gleichheit mit einer Konzeption der nationalen Machtprojektion: Indem die US-Regierung die Versklavung von Afroamerikanern im Süden für illegal erkläre und ihnen volle Bürgerrechte zusichere, gewinne die US-Regierung loyale Bürger im Süden, die den Krieg gewinnen und die Wiedereingliederung der abtrünnigen Staaten befördern würden. Schurz drängte bereits im Herbst 1861 auf die Befreiung der Sklaven, lange bevor Präsident Lincoln diesen Schritt zu gehen bereit war.[6] Im Sommer 1865 bereiste er im Auftrag des Nachfolgers Andrew Johnson die besiegten Südstaaten und veröffentlichte einen Bericht, in dem er sehr zum Ärger des Auftraggebers erklärte, die Stationierung von Bundestruppen in den Südstaaten sei auf absehbare Zeit nötig, um die Bürgerrechte der befreiten Afroamerikaner zu sichern.[7] Die Verschränkung mit Konzeptionen der staatlichen Einhegung und Konsolidierung relativierte in der Zeit des Bürgerkrieges und den ersten Jahren der Reconstruction augenscheinlich nicht Schurz' Bestreben nach rechtlicher Gleichstellung von Afroamerikanern. Er galt somit aus gutem Grund als enger Verbündeter der radikalen Sklavereigegner. Noch in späteren Jahren, als sich die politischen Wege getrennt hatten, erinnerte die von Frederick Douglass herausgegebene Zeitung *New National Era* in einem ungezeichneten Artikel an „die Liebe und Bewunderung, die wir für diesen bemerkenswert begabten und fähigen Mann hegten. Wir betrachteten ihn als jemanden, der in seinen Zielen und Grundsätzen völlig zu uns gehörte."[8] Neben Douglass und dessen Söhnen Lewis und Frederick Jr. arbeitete an der Zeitung auch Douglass' Freundin Ottilie Assing mit, eine ursprünglich aus Hamburg stammende Frauenrechtlerin und Sklavereigegnerin.[9]

Die Symbiose von Gleichheitsforderung und staatlicher Machtprojektion war jedoch keine bloße Pose, die ein Emanzipationsvorhaben geschickt so bewarb, dass es politisch anschlussfähig wurde. Dies zeigte die Diskussion der Indianerpolitik in der von Schurz ab 1867 zusammen mit Emil Preetorius in St. Louis herausgegebenen Zeitung *Westliche Post*. Ein Leitartikel mit der Überschrift „Die Unterwerfung der Indianer" vom 4. November 1867, als dessen Autoren beide Herausge-

---

6 Siehe Carl Schurz an William H. Seward, 14. September 1861, in *Speeches, Correspondences, and Political Papers of Carl Schurz*, Bd. 1, 190; Carl Schurz an Charles Sumner, 14. November 1861, in ebd., 197; Efford, *German Immigrants, Race, and Citizenship in the Civil War Era*, 117.
7 Carl Schurz, „Report on the Condition of the South", 1865, in *Speeches, Correspondences, and Political Papers of Carl Schurz*, Bd. 1, 372.
8 „The Defection of Carl Schurz Once More", *New National Era*, 29. Dezember 1870.
9 Siehe David W. Blight, *Frederick Douglass: Prophet of Freedom* (New York: Simon & Schuster, 2018), 525, 529–30.

ber infrage kommen, sprach indigenen Gemeinwesen das Recht auf unabhängige Fortexistenz ab, da ihre Mitglieder „nicht mehr zahlreich genug" seien, „um wirklich den Charakter von selbstständigen Völkerschaften in Anspruch zu nehmen". Der Artikel behauptete, dass

> „es auf der Hand liegt, dass die Ver. Staaten früher oder später doch eine Politik der vollständigen Unterwerfung den bisher unabhängigen Stämmen gegenüber einschlagen müssen, und dass es umso besser sowohl für die Indianer selbst, wie für die westlichen Staaten und Territorien sein wird, je eher die Ersteren ihren Charakter als selbstständige Nationen verlieren und zu Untertanen, das heißt zu Bürgern der Ver. Staaten gemacht werden."[10]

Der Autor machte hier ein Expansionsrecht der USA geltend, demzufolge der demografisch dominanten Gesellschaft ein Recht auf die Einverleibung indigener Gemeinwesen zukomme. Im Unterschied zur wirklichen Kolonisierungspraxis, die indigene Gemeinwesen in Reservationen einpferchte und ihren Mitgliedern einen niederen Rechtsstatus zuwies, forderte der Artikel aber die Eingliederung der Indigenen als Staatsbürger. Auch wenn die Forderung gleicher Rechte für Indigene radikal war, zeigte sich hier doch eine eindeutige Orientierung der Gleichheitsforderung am übergeordneten Ziel staatlicher Ausdehnung und Konsolidierung.

Bis in die späten 1860er-Jahre propagierte Schurz die Ausdehnung und Sicherung demokratischer Rechte für Afroamerikaner im Süden. Die von ihm mit herausgegebene *Westliche Post* bewarb ein ähnliches Konzept demokratischer Einbindung der Indigenen im Westen. Die Ersetzung imperialer Formate der Beherrschung durch solche der Einbindung als gleichberechtigte Rechtssubjekte sollte die USA in Übereinstimmung mit ihren eigenen Prinzipien bringen und gleichzeitig einen besseren Weg der gesellschaftlichen Konsolidierung und Expansion darstellen. Auch vehementen Protest gegen diese Linie, wie den weißer Südstaatler, die das gleiche Stimmrecht für Afroamerikaner als „Vorherrschaft der Neger" verunglimpften, tat Schurz ab. Schon aus demografischen Gründen würden die weißen Südstaatler – die bis auf wenige Hundert besonders belasteter Eliten der geschlagenen Konföderation wieder das Wahlrecht besaßen – keineswegs einer Fremdherrschaft unterworfen:

> „Aber die Vorherrschaft der Neger! Unsere Gegner sagen uns, dass das Wahlrecht für die Schwarzen zwangsläufig zu einer Vorherrschaft der Neger im Süden führen muss. Ein schrecklicher, höchst schrecklicher Gedanke! Sehen wir dieser gespenstischen Erscheinung ruhig ins Gesicht. Es gibt in den Südstaaten 9.000.000 Weiße und 3.500.000 Neger. Die Weißen sind, wie uns die Demokraten versichern, die überlegene und die Neger die unterlegene Rasse. Und jetzt kommen dieselben Demokraten und sagen uns, dass 3.500.000 der minderwertigen Rasse der Neger sicherlich 9.000.000 ihrer Überlegenen in den Staub trampeln

---

10 „Die Unterwerfung der Indianer", *Westliche Post*, tägliche Ausgabe, 4. November 1867.

werden. [...] Ich fürchte, unsere wohltätigen Freunde in Boston werden sich in dieser Sache betätigen müssen und versuchen, eine ‚New England Southern Gentlemen's Relief and Protection Society' zu gründen – mit Wendell Phillips als Präsident."[11]

Ein Zeitungsbericht über diese Rede vom 19. September 1868 vermerkt an dieser Stelle: „Großer Applaus und Gelächter".[12] Phillips war ein bekannter Sklavereigegner und Reformer. Der Witz unterstreicht: Für Schurz wie sein Publikum stand völlig fest, dass die gleichberechtigte demokratische Teilhabe der Afroamerikaner in den Südstaaten einen klaren Vorrang vor der Wiederausstattung von konföderierten Eliten mit dem Wahlrecht haben sollte. „Das eine ist ein Akt der Gerechtigkeit gegenüber loyalen Bürgern, das andere ein Akt der Gnade gegenüber denjenigen, die ihre Rechte durch einen Akt des Verrats an der Republik verwirkt haben", hielt er noch im Januar 1869 in seiner Bewerbungsrede als Kandidat für den Senat fest.[13]

---

11 Siehe Carl Schurz, „The Road to Peace – A Solid Durable Peace", 19. September 1868, in *Speeches, Correspondence and Political Papers of Carl Schurz*, Bd. 1, 450–51; Efford, *German Immigrants, Race, and Citizenship in the Civil War Era*, 183.
12 „Negro Supremacy", *Weekly Standard*, 7. Oktober 1868.
13 Carl Schurz, „Speech at Jefferson City, January 7th", *Daily Missouri Republican*, 11. Januar 1869.

2 Volkssouveränität als Affirmation imperialer Herrschaft

Als Senator in Washington (1869 bis 1875) hielt Schurz viel beachtete Reden, in denen er innen- und außenpolitische Vorgänge kritisch an den Idealen der Volkssouveränität maß. „Mein Land, ob im Recht oder im Unrecht; wenn es im Recht ist, will ich es darin bestärken; wenn es im Unrecht ist, will ich es auf den rechten Weg bringen" – mit prägnanten Aussprüchen wie diesem hat sich Schurz ein Denkmal als besonders prinzipienfester Demokrat gesetzt, das noch heute in Politikerreden und als Internet-Meme weiterlebt.[1] Die konkrete Bedeutung von Schurz' hochtrabender Rhetorik der Einforderung demokratischer Normen änderte sich jedoch grundlegend in ihrem Bezug auf imperiale Regierungsformate. An die Stelle des universalistischen Rufs nach gleichen Rechten für bislang kolonisierte Bevölkerungen trat das Vorantreiben einer freien Selbstbestimmung weißer US-Amerikaner, was ein Recht auf die Unterdrückung von Afroamerikanern und auf die Kolonisation indigener Ländereien einschließen sollte.

Schurz' Sinneswandel baute auf Vorstellungen angeblicher Minderwertigkeit von Afroamerikanern und Indigenen auf, die teilweise bereits in früheren Zitaten dokumentiert sind. Schon als Sklavereigegner und Befürworter gleicher Bürgerrechte hatte Schurz zwischen rechtlicher und sozialer Gleichheit unterschieden und wenig Umgang mit Afroamerikanern gepflegt.[2] Befreite Sklaven in den Südstaaten beschrieb er schon in den Jahren zuvor als „dumm", Indigene in Nebraska und Montana waren für ihn „barbarisch".[3] Diese Abwertungen waren jedoch nicht verfestigt zu einer feststehenden Hierarchisierung differenter Menschentypen, denen ein staatliches System von Begünstigung und Ausschluss zu entsprechen habe. Vielmehr sollte unter den Bedingungen rechtlicher Gleichstellung Afroamerikanern wie Indigenen eine freiere Bahn der Entwicklung eröffnet werden. Ab 1870

---

1 Im Original: „My country right or wrong; *when* right, to *keep her* right; *when* wrong, to *put her* right", *Congressional Globe*, 42nd Cong., 2nd sess., 29. Februar 1872, 1287. John Nichols verweist in seinem Freiburger Vortrag vom 15. Oktober 2022 darauf, dass die US-Botschafterin Amy Gutmann das Zitat in einer nicht öffentlich dokumentierten Rede bei derselben Veranstaltung verwendet hat. Eine Internetsuche belegt die weite Verbreitung des Zitats. Siehe John Nichols, „What Carl Schurz and Walt Whitman Teach Us About Today's Struggle for Democracy" (Democratic Vistas – A One Day Pop-Up Think Tank, Carl-Schurz-Haus Freiburg, 15. Oktober 2022), https://www.youtube.com/watch?v=YwHk_0w0pPg.
2 Efford, *German Immigrants, Race, and Citizenship in the Civil War Era*, 134–35.
3 Schurz, „The Road to Peace – A Solid Durable Peace", 443; [Schurz], „Reisenotizen vom Mississippi zum Stillen Ozean", *Westliche Post*, wöchentliche Ausgabe, 22. September 1869. Siehe auch Trefousse, *Carl Schurz*, 58.

diffamierte Schurz zunehmend die Absicherung gleicher Rechte als einen gefährlichen Verstoß gegen die Selbstbestimmungsrechte weißer US-Bürger und stellte die Entwicklungsfähigkeit von Afroamerikanern und Indigenen infrage. Wenngleich er rhetorisch noch gegen manchen als unnötig und kontraproduktiv betrachteten Gewaltexzess vorging, beinhaltete für ihn nun das Selbstbestimmungsrecht weißer Amerikaner, Diskriminierung und Armut von Afroamerikanern und Indigenen sowie Gewalt gegen diese als notwendig hinzunehmen.

Abb. 2: Carl Schurz, ca. 1876. (Quelle: National Portrait Gallery, Washington, D. C.)

Ob es einen spezifischen Anlass für Schurz' Umorientierung gab, bleibt unklar, zumal er vielfach betonte, seinen Prinzipien treu zu bleiben. Es ist aber plausibel, dass sowohl persönliche als auch politische Entwicklungen eine Rolle spielten. Als Publizist und Bürgerkriegsgeneral besaß Schurz bereits Einfluss, aber das Amt des US-Senators verlieh dem Vierzigjährigen 1869 eine bisher unerreichte Machtfülle und Autorität, die ihn mit Stolz erfüllte. Wie viele ehemalige Revolutionäre vor und nach ihm mag ihn dieser Aufstieg dazu gebracht haben, sich noch stärker als bisher mit gesellschaftlichen Eliten zu identifizieren.[4] Die Historikerin Alison Clark Efford zeigt außerdem auf, dass im Zuge des Deutsch-Französischen Krieges von 1870/71 und der von Bismarck durchgesetzten Reichsgründung von oben viele

---

4 Siehe Carl Schurz, *Reminiscences of Carl Schurz*, Bd. 3 (New York: McClure Company, 1908), 302; Mischa Honeck, *We Are the Revolutionists: German-Speaking Immigrants and American Abolitionists after 1848* (Athens, GA: University of Georgia Press, 2011), 178.

der 1848er, die in die USA ausgewandert waren, ihre einst radikaldemokratischen Überzeugungen relativierten. Während Demokratie zuvor als Königsweg zur deutschen Einheit und zu einer positiven Entwicklung der USA galt, fanden viele nun Gefallen an einer pragmatischen Machtpolitik – auch in der neuen Heimat.[5]

Schurz und sein engeres Umfeld näherten sich in Fragen der Minderheitenpolitik immer mehr den Positionen der offen rassistisch argumentierenden Südstaatendemokraten an. Zugleich vermieden sie in der Regel deren herabwürdigende Sprache und das johlende Anpreisen europäischer Überlegenheit.[6] Gleiche Rechte und die allermeisten Begrenzungen weißer Beherrschungsinteressen verwarf Schurz zwar als utopisch; gleichzeitig hielt er aber am paternalistischen Anspruch fest, im Rahmen des Möglichen die unumgängliche weiße Vorherrschaft so auszuformen, dass sie auch den Interessen und der Entwicklung der ihr Unterworfenen Genüge tue. Als Schurz sich 1882, also mehr als ein Jahrzehnt nach seiner Kehrtwende, dazu hinreißen ließ, in der *Westlichen Post* in drastischen Worten eine dauernde und in der Abstammung begründete Minderwertigkeit von Indigenen zu behaupten, führte das zum offenen Konflikt mit dem Co-Herausgeber Emil Preetorius. Anlässlich des als „Pazifischer Krieg" bekannten Grenzkrieges zwischen Chile und Peru (1879–1884) plädierte Schurz für Parteinahme zugunsten Chiles,

> „wo ein großer Theil der Bevölkerung von unvermischt europäischer Herkunft ist, und wo sich ein wohlgeordnetes Staatswesen sowie ein betriebsames Geschäftsleben erfolgreich ausgebildet hat. [...] Die Peruaner sind ein faules Volk, in welchem das indianische Blut bei Weitem vorwiegt, welches durch liederliche Wirthschaft die natürlichen Hülfsquellen des Landes vergeudet hat und in seiner politischen Entwicklung aus den Händen eines Abenteurers in die des anderen fällt. [...] Es ist noch zu beweisen, ob die Unterwerfung der ganzen Republik Peru unter die geordnete chilenische Staatswirthschaft nicht schließlich eher ein Nutzen als ein Schaden für die Sache der Civilisation und des Fortschrittes in Amerika sein würde."[7]

So explizit begründete Schurz selten eine in der Abstammung begründete Überlegenheit von Europäern, mit der ein Auftrag zur Herrschaft über angeblich inferiore Ethnien einhergehe. Auch wenn er vielfach abwertend über lateinamerikanische Republiken sprach, machte er doch in der Regel vorrangig die klimatischen Bedingungen der Tropen und nicht die ethnische Zusammensetzung ihrer Bevöl-

---

5 Siehe Efford, *German Immigrants, Race, and Citizenship in the Civil War Era*, 143–170.
6 Siehe ebd., 191.
7 Carl Schurz, „Die auswärtige Politik", *Westliche Post*, wöchentliche Ausgabe, 8. März 1882.

kerungen für deren angeblich verminderte Leistungsfähigkeit verantwortlich.[8] Preetorius reagierte auf diesen Artikel mit dem ungewöhnlichen Schritt einer distanzierenden Erklärung in derselben Ausgabe: „Herr Schurz spricht [...] *selbstverständlich seine und nicht unsere* Meinung aus."[9] Anstelle solch schriller Bekenntnisse zum Glauben an eine europäische Überlegenheit bevorzugten Schurz und sein Umfeld gewöhnlich eine paternalistische Rhetorik, die für weiße Beherrschungsinteressen Partei nahm, dabei aber auf herablassende Sprache verzichtete und angeblich immer auch das Beste für die Beherrschten mit im Blick hatte. Kritiker aus den betroffenen Minderheiten und der weißen Mehrheitsgesellschaft, die vielfach an universellen Gleichheitsforderungen festhielten, nahmen die paternalistische Rhetorik jedoch keineswegs als eine Abschwächung rassistischer Politik wahr. Vielmehr trug das von Schurz bemühte rhetorische Klischee zur Durchsetzung von Politiken bei, die zum eindeutigen Schaden von Afroamerikanern und Indigenen waren und die universalistische Ansätze zunehmend verdrängten.

---

8 Siehe Carl Schurz, „Annexation of San Domingo", 11. Januar 1871, in *Speeches, Correspondence and Political Papers of Carl Schurz*, Bd. 2, 117–19; Foner, *Reconstruction*, 496–97; Efford, *German Immigrants, Race, and Citizenship in the Civil War Era*, 185, Trefousse, *Carl Schurz*, 56.
9 Hervorhebung im Original. „Herr Schurz spricht in seinem ...", *Westliche Post*, wöchentliche Ausgabe, 8. März 1882.

3 Das Recht weißer Südstaatler auf Selbstbestimmung

Als Schurz sich Anfang 1869 in Missouri um einen Senatssitz bewarb, gab er sich noch als überzeugter Anhänger einer robusten Absicherung der Bürgerrechte von Afroamerikanern in den Südstaaten. Er warnte in einer Rede:

> „Die Minderheit der Demokraten [in der Staatsversammlung von Missouri] zusammen mit ein paar treulosen Radikalen kann uns gegen den Willen der [Republikanischen] Partei das Wahlrecht der Rebellen aufzwingen, und dieses Rebellenwahlrecht wird mit Sicherheit dazu benutzt werden, die loyalen Farbigen für immer zu entrechten."[1]

Selbstverständlich sei nur daran zu denken, die vollen Bürgerrechte der ehemaligen konföderierten Eliten wiederherzustellen, wenn dies nicht auf Kosten der Rechte von Afroamerikanern gehe. Weniger als zwei Jahre später fand Schurz sich im Lager jener wieder, die er hier als „treulose Radikale" brandmarkte. Allerdings hatte er in der Zwischenzeit seine Demokratiekonzeption dergestalt modifiziert, dass ihm die Wendung gegen die Durchsetzung afroamerikanischer Bürgerrechte nicht als Verrat, sondern als Konsequenz der höheren Werte von Volkssouveränität erschien. Einstige Bundesgenossen aus dem Lager der radikalen Sklavereigegner sahen ihn allerdings als Verräter.

Am Übergang zu den 1870er-Jahren stand das Projekt der Reconstruction in den Südstaaten vor Herausforderungen. Mit der Stationierung von Bundestruppen in den besiegten Südstaaten wurde zwar durchgesetzt, dass ehemals versklavte Afroamerikaner eine rudimentäre Rechtsgleichheit in Anspruch nehmen und am politischen Leben teilnehmen konnten. Gleichzeitig jedoch entfesselten der Ku-Klux-Klan (KKK) und andere Gruppen weißer Südstaatler gezielten Terror gegen Afroamerikaner und in den Süden gezogene Nordstaatler, die als Träger und Profiteure der neuen Ordnung angesehen und als „carpet baggers" verleumdet wurden.[2] Trotz der Bundesintervention entwickelte sich so eine bedrohliche Sicherheitslage. Zugleich zeigten sich erste Risse im politischen Konsens, der die Reconstruction befördert hatte. Zwar verfügte die Republikanische Partei, die sich nach wie vor der Reconstruction verpflichtet fühlte, über eine breite Mehrheit in beiden Kammern des Kongresses und stellte mit Ulysses S. Grant den Präsidenten. Es zeichneten sich aber unter Nordstaatenwählern und -politikern Grenzen der Bereitschaft dafür ab, die rechtliche Gleichstellung und politische Teilhabe von Afro-

---

[1] Carl Schurz, „Speech at Jefferson City, January 7th", *Daily Missouri Republican*, 11. Januar 1869.
[2] Zeitgenössisch wurde der Begriff „carpet bagger" als „Schnappsäckler" übersetzt. Bezugspunkt des Begriffs waren die Reisetaschen der Zuzügler aus dem Norden.

amerikanern durchzusetzen. Die im Juli 1868 und Februar 1870 ratifizierten 14. und 15. Zusatzartikel zur US-Verfassung sollten gleiche Staatsbürgerrechte und das Wahlrecht afroamerikanischer Männer sichern. Im selben Zeitraum hatten einige Bundesstaaten im Norden Referenden über afroamerikanische Bürgerrechte abgehalten. In fast allen diesen Staaten – darunter Missouri Ende 1868 – sprachen sich aber Mehrheiten gegen afroamerikanische Bürgerrechte aus.[3] Trotz der neuen Rechtslage auf der Bundesebene hatten es Anhänger einer umfassenden Gleichheitskonzeption auch im Norden schwer.

Angesicht der angespannten Sicherheitslage und schwieriger Mehrheitsverhältnisse drängten entschiedene Befürworter der Reconstruction auf konsolidierende Maßnahmen. Neben einer robusten Implementierung des 14. und 15. Verfassungszusatzes gehörte dazu der Ruf nach einem Bundesgesetz zur Strafverfolgung des KKK und ähnlicher Organisationen. An eine Amnestie für belastete konföderierte Eliten sollte erst im Zuge einer verbesserten Lage zu denken sein. Während seiner Bewerbung um einen Senatssitz hatte Schurz versichert, dass selbstverständlich auch für ihn die Sicherung gleicher Rechte Vorrang habe vor einer möglichen Rücknahme von Reconstruction-Maßnahmen.[4] Als Senator übernahm er jedoch zunehmend die Position weißer Südstaaten-Demokraten, welche die Absicherung afroamerikanischer Rechte durch die US-Regierung als Übergriff gegen die Selbstbestimmung des weißen Südens diffamierten.

Die Kennzeichnung der Reconstruction als Übergriff gegen Weiße hatte Schurz noch im September 1868 als absurd abgelehnt.[5] Im Frühjahr 1870 tauchten aber ähnlich klingende Warnungen in seinen eigenen Reden auf. Es drohe eine „unangemessene und gefährliche Erweiterung der Zentralgewalt", wenn sich die US-Regierung anmaße, zu stark in den politischen Prozess Georgias einzugreifen.[6] Im Falle Georgias ging es um die Frage, ob dem Bundesstaat direkt nach seiner Wiederaufnahme in den Bund gestattet werden sollte, Neuwahlen anzusetzen, bei denen – nach Wegfall der Bundesaufsicht – sehr wahrscheinlich Südstaatendemokraten die Regierungsgewalt von Reconstruction-Befürwortern übernehmen würden. Ähnliche Bedenken meldete Schurz an bezüglich der Durchsetzung des 15. Verfassungszusatzes, der afroamerikanischen Männern gleiches Wahlrecht sichern sollte. „Die Innovation, alle amerikanischen Bürger bei der Ausübung der

---

[3] Hanes Walton, Sherman C. Puckett und Donald R. Deskins, *The African American Electorate: A Statistical History* (Los Angeles, CA: Sage, 2012), 31, 147; Efford, *German Immigrants, Race, and Citizenship in the Civil War Era*, 139.
[4] Siehe *Daily Missouri Republican*, 11. Januar 1869.
[5] Siehe Carl Schurz, „The Road to Peace – A Solid Durable Peace", 19. September 1868, in *Speeches, Correspondence and Political Papers of Carl Schurz*, Bd. 1, 450–51.
[6] *Congressional Globe*, 41st Congress, 2nd Session, 19. April 1870, 2819.

Selbstregierung zu schützen, darf nicht so weit getrieben werden, dass ihr legitimer Geltungsbereich beeinträchtigt wird", warnte er. Ein zu robuster Eingriff der Bundesebene im Süden fördere aber eine „unangemessene Machtzentralisierung".[7] Diese Warnungen gingen zunächst mit einem Bekenntnis einher, die Rechtssicherheit von Afroamerikanern in den Südstaaten müsse von der Bundesebene geschützt werden, nur sei dabei die Anwendung zentralstaatlicher Macht vorsichtig zu dosieren.

Im Laufe der Jahre 1870 und 1871 wurde jedoch deutlich, dass Schurz' Sorge nun mehr der gleichberechtigten Wiedereingliederung der weißen Südstaateneliten in die amerikanische Demokratie galt als der Sicherung der Rechte der ehemals Versklavten. Trotz teilweise dramatischer Sicherheitslagen in den Südstaaten argumentierte er zunehmend gegen die Notwendigkeit jedweden Bundeseingriffs. Dafür seien nach der Ratifizierung des 15. Verfassungszusatzes im Februar 1870 alle Gründe entfallen. In seiner Wahlheimat Missouri unterstützte er den Gouverneurskandidaten Benjamin Gratz Brown, der als Unabhängiger gegen den offiziellen Kandidaten der Republikaner antrat mit dem Versprechen einer Generalamnestie, d. h. der Wiederherstellung der politischen Rechte besonders belasteter Anhänger der ehemaligen Konföderation.[8] Nach der Wahl Browns im Oktober 1870, die auch zustande kam, weil die Demokratische Partei zu seinem Vorteil keinen Kandidaten ins Rennen schickte, stellte Schurz im Dezember einen Gesetzesvorschlag in Washington vor, der die politischen Rechte sämtlicher Südstaateneliten wiederherstellen sollte.[9] Frederick Douglass' Zeitung *New National Era* griff Schurz' Wendung auf:

> „Carl Schurz ist ein zu tiefgründiger Politiker, ein zu weiser Staatsmann, als dass er nicht von vornherein gewusst hätte, dass er durch seinen Abgang und den seiner Anhänger die Macht der Republikaner in Missouri auf Jahre hinaus brechen würde; folglich hat er sie mit voller, wenn auch nicht erklärter Absicht gebrochen. Außerdem hat er zu viel Scharfsinn, zu viel Einsicht in die Lage des Landes – wie er in seinen früheren und besseren Tagen, als er seine seltenen Gaben der Sache der Freiheit und des Fortschritts widmete, reichlich bewiesen hat – um nicht zu wissen, dass die Republikanische Partei ihre Aufgabe keineswegs erfüllt hat. Er kann nicht übersehen, dass die Demokraten nur darauf lauern, uns die Ergebnisse unserer Siege, die sie bis zuletzt bekämpft haben, zu entreißen. Er weiß, dass sie heute so erbittert wie eh und je gegen den 15. Verfassungszusatz und das Bürgerrechtsgesetz sind; dass sich diese Feindseligkeit in den Südstaaten in Form von Attentaten und den Überfällen des Ku-Klux-Klans manifestiert. Niemand zweifelt daran, dass sie, wenn sie jemals wieder an die Macht kämen, nichts Dringenderes zu tun hätten, als alle Garantien der Freiheit und

---

7 Carl Schurz, „Enforcement of the Fifteenth Amendment", 19. Mai 1870, in *Speeches, Correspondence and Political Papers of Carl Schurz*, Bd. 2, 494, 496.
8 Efford, *German Immigrants, Race, and Citizenship in the Civil War Era*, 175–77.
9 Ebd., 178, 183.

Gleichberechtigung, von denen der Frieden und der Wohlstand des Landes abhängen, aufzuheben oder auf andere Weise zu ändern."[10]

Abb. 3: Frederick Douglass (1818–1895), Redakteur der *New National Era* im Jahr 1870.
(Quelle: Library of Congress, Washington, D. C.)

Der ungezeichnete Artikel, an dessen Entstehung sowohl Douglass als auch dessen Söhne und Ottilie Assing mitgewirkt haben können, ging in seiner Kritik an Schurz deutlich weiter als spätere Historiker.[11] Eric Foner beispielsweise meint in seiner

---

10 „The Defection of Carl Schurz Once More", *The New National Era*, 29. Dezember 1870; siehe auch „The Speech of Carl Schurz", *The New National Era*, 22. Dezember 1870.
11 In einem Brief an ihre Schwester Ludmilla vom 3. Dezember 1870 verwendete Ottilie Assing, die einst Carl Schurz bewundert hatte, sehr ähnliche Formulierungen wie dieser Artikel. Sie er-

Geschichte der Reconstruction, Schurz sei „aufrichtig überzeugt" davon gewesen, die Rechte von Afroamerikanern mit einem neuen Ansatz besser sichern zu können.[12] Die *New National Era* machte geltend, dass Schurz die notwendigen Folgen der von ihm geforderten Maßnahmen kaum entgehen könnten. Diese Konsequenzen nicht auszusprechen mache vielmehr eine besondere demagogische Qualität seiner Position aus:

> „Nein, Herr Schurz, solche Ausflüchte sind nicht angebracht! Wir [...] kennen Ihren brillanten Intellekt, Ihr großes Denkvermögen und können daher leichter unseren Glauben an Ihre Integrität aufgeben, als dass wir glauben können, dass Sie so völlig ohne Urteilsvermögen sind, dass Sie eine so schwerwiegende Handlung begehen, ohne sich ihrer notwendigen Folgen bewusst zu sein."[13]

Schurz hatte sich nun eindeutig gegen die Sicherung gleicher Rechte gewandt und favorisierte stattdessen eine weiße Vorherrschaft. Damit ging eine Abwertung der ehemals versklavten Afroamerikaner einher. Die vormals als lernfähig und besonders loyal beschriebenen Bürger, auf die bei der Wiedereingliederung des Südens als Träger der neuen Ordnung zu setzen sei, wurden zur „ahnungslosen Klasse von Menschen, die zu Wählern wurden, [...] [was] zu großen zeitweiligen Missbräuchen bei der Ausübung der lokalen Verwaltung führte".[14] Um die demokratische Wiedereingliederung des Südens zu erreichen, sei auf die weiße Bevölkerung zu setzen, die man nicht mit zu starken Eingriffen der Bundesebene vor den Kopf stoßen dürfe. Dieser Überlegung müsse, so Schurz, auch der Schutz von Afroamerikanern und Republikanern vor gewaltsamen Übergriffen untergeordnet werden. Im April 1871 stellte er sich im Senat gegen den sogenannten Ku Klux Klan Act, der helfen sollte, die verbreitete Gewalt im Süden einzudämmen. „Diese sogenannten Unruhen im Süden", räumte Schurz ein, „erreichten beträchtliche Ausmaße [...] und richteten sich hauptsächlich gegen Republikaner und Farbige". Es sei jedoch eine „Illusion, dass wir alle Unruhen im Süden mithilfe von Gesetzen und der Anwendung von Strafgesetzen ausrotten können". Der Terror des KKK resultiere aus „einer verblendeten Pro-Sklaverei-Tendenz [...] [,] einer kranken öffentlichen Mei-

---

wähnte zudem in einem Schreiben vom 16. April 1872, ungezeichnete Artikel zum Thema veröffentlicht zu haben. Siehe Ottilie Assing an Ludmilla Assing, 3. Dezember 1870 und 16. April 1872, Varnhagen Sammlung, Biblioteka Jagiellonian, Krakau. https://jbc.bj.uj.edu.pl/publication/206142; Blight, *Frederick Douglass*, 453; Maria Diedrich, *Love Across Color Lines: Ottilie Assing and Frederick Douglass* (New York: Hill and Wang, 2000), 295.
12 Foner, *Reconstruction*, 500.
13 „The Defection of Carl Schurz Once More".
14 *Congressional Globe*, 42nd Cong., 1st sess., 14. April 1871, 687. Siehe auch Carl Schurz, „The Need of Reform and a New Party", 20. September 1871, in *Speeches, Correspondence and Political Papers of Carl Schurz*, Bd. 2, 267.

nung", der neues Leben eingehaucht werde durch die „schlechte Regierungsführung in vielen der Südstaaten". Diese resultiere aus dem Einbeziehen der befreiten Afroamerikaner in den politischen Prozess und der Unterstützung korrupter republikanischer Politiker durch die US-Regierung. Eine Reform der öffentlichen Meinung im Süden sei nur zu erreichen durch die Wiederherstellung der politischen Rechte der ehemals konföderierten Eliten und die Beendigung der Unterstützung für die republikanischen Reconstruction-Politiker im Süden. Statt die neue Ordnung und Afroamerikaner zu hassen, würden weiße Südstaatler dann „sich mit der neuen Ordnung der Dinge identifizieren, um zusammenzuarbeiten, um die Rechte aller zu sichern und zu schützen", und damit auch von Gewalttaten und Diskriminierung ablassen.[15] Diese demokratische Einbindung mit ihrer angeblichen Langzeitwirkung sei wichtiger als ein Schutz derer, die Gewalt ausgesetzt seien:

> „Ich halte die Rechte und Freiheiten des gesamten amerikanischen Volkes für noch wichtiger als die Interessen derjenigen im Süden, deren Gefahren und Leiden so sehr an unser Mitgefühl appellieren. [...] Ich bin nicht bereit, [...] [den US-Präsidenten] zu ermächtigen, ohne Ersuchen des Gouverneurs oder der Staatsversammlung das Militär der Vereinigten Staaten in einem Bundesstaat einzusetzen, wenn nach seiner Meinung die Behörden des Bundesstaates ihre eigenen Gesetze zum Schutz des Lebens und des Eigentums ihrer eigenen Bürger nicht durchsetzen."[16]

Gewalt gegen Afroamerikaner im Süden und deren Diskriminierung könnten nur zurückgedrängt werden als Folge einer besseren Einbindung der weißen Südstaateneliten, nicht aber durch einen wirksameren Rechtsschutz – diese Position bewarb Schurz ab den frühen 1870er-Jahren. Afroamerikanischen Kommentatoren wie William G. Brown, ein ehemaliger Lehrer und Bildungspolitiker, der als Redakteur den *Louisianian* in New Orleans leitete, schienen diese Ideen hochgefährlich.[17] Auf einen Schurz zustimmenden Artikel in der örtlichen *Deutschen Zeitung* entgegnete Brown, dass selbstverständlich jedem Republikaner an einer gleichberechtigten Einbindung der ehemaligen konföderierten Eliten gelegen sein müsse. Jedoch beweise die weitverbreitete Gewalt vonseiten weißer Zusammenschlüsse, dass es zur Wahrung gleicher Rechte vorerst weiter einer Bundesintervention bedürfen werde:

---

15 *Congressional Globe*, 42nd Cong., 1st sess., 14. April 1871, 686, 688, 687, 690, 689.
16 *Congressional Globe*, 42nd Cong., 1st sess., 14. April 1871, 687.
17 Zu Brown und dem *Louisianian* siehe Peter J. Breaux, „William G. Brown and the Development of Education: A Retrospective on the Career of a State Superintendent of Public Education of African Descent in Louisiana" (Dissertation, Tallahassee, FL, Florida State University, 2006), 67–97.

> „[...] die Geschichte der Südstaaten, in denen dieses ‚alte Element' an die Macht gekommen ist, liefert den unbestreitbaren Beweis für die Unklugheit, die Gefahr, die darin liegt, die Kontrolle über diese Staaten Männern zu überlassen, deren Vorgeschichte, Erziehung, Neigungen und Umgebung sie dazu zwingen, den Neger in jeder Hinsicht als gleichwertig abzulehnen und ihn bei jeder Gelegenheit mit Verachtung und Unrecht zu überhäufen. [...] Die Lebensumstände unserer Rasse weisen seltsame Eigenheiten auf. Obwohl wir zahlenmäßig überlegen sind in Gemeinden, in denen die Mehrheit herrschen soll, sind wir die Opfer. Umgeben von Männern, deren Eigeninteresse sie dazu treiben sollte, unser Wohlergehen zu fördern, werden wir verachtet und ‚ausgestoßen'. Während wir mit aller Kraft für die Erhaltung und Ausweitung unserer Rechte und Vorrechte kämpfen, behindern uns unsere angeblichen Freunde und entmutigen jede unserer Bemühungen."[18]

Auch in der weißen Mehrheitsgesellschaft war Schurz' Ablehnung von Bundeseingriffen in den Südstaaten Anfang der 1870er-Jahre keineswegs hegemonial geworden. Vielmehr griff er als prominenter ehemaliger Anhänger der Reconstruction in eine unabgeschlossene gesellschaftliche Debatte ein. Die Republikanische Partei unter Grant hielt länger als Schurz an der Reconstruction fest. Der Ku Klux Klan Act wurde im April 1871 gegen die Stimme von Schurz verabschiedet. In der Folge wurde manche Gewaltorganisation zerschlagen. Eine Karikatur Thomas Nasts in *Harper's* vom Juli 1872 zeigt Schurz als machtversessenen König Richard III., der, von politischem Ehrgeiz getrieben, Afroamerikaner und Republikaner in den Südstaaten der Gewalt bewaffneter Banden überlässt.[19]

Um aus der rhetorischen Sackgasse herauszukommen, die Gewalt im Süden sei vorerst schlicht hinzunehmen, bemühte Schurz mitunter Hinweise darauf, dass es angeblich auch Gewalt unter umgekehrtem Vorzeichen gegen Afroamerikaner gebe, die für die Beendigung der Reconstruction seien. Vor einem Publikum in Greensboro, North Carolina berichtete er im Juni 1872, „er *habe gehört*, dass sie [Afroamerikaner] Männer ihrer eigenen Rasse überfallen hätten", die sich einer Demonstration der von Schurz unterstützten Liberal Republicans angeschlossen hatten und ein schnelles Ende der Reconstruction forderten.[20] In einer späteren Senatrede behauptete Schurz, er sei selbst Zeuge dieses Überfalls gewesen, und schmückte den Bericht weiter aus:

---

18 [William G. Brown,] „The ‚German Gazette' on Senator Carl Schurz", *Louisianian*, 12. Oktober 1871. Siehe auch „Senator Carl Schurz Making a Tour of Public Speaking in the South – What it Means", *Tägliche Deutsche Zeitung*, New Orleans, 10. Oktober 1871.
19 Siehe die Illustration zu dem Artikel von Eugene Lawrence, „Mr. Carl Schurz and his Victims", *Harper's Weekly*, 7. Juli 1872, 693.
20 Meine Hervorhebung. Carl Schurz, „Schurz at Greensboro", *Charleston Daily News*, 30. Juni 1872.

„Ich erinnere mich lebhaft daran, dass der einzige Akt des Terrors und der Einschüchterung, den ich jemals mit eigenen Augen gesehen habe, das grausame Niederknüppeln und Steinigen eines Farbigen in North Carolina im Jahre 1872 durch Männer seiner eigenen Rasse war, weil er sich für die Konservativen ausgesprochen hatte. Wenn man die ganze Geschichte des Südens erzählen würde, würde man feststellen, dass solche Praktiken keineswegs selten waren."[21]

Die vor dem Hintergrund zeitgenössischer Berichte abenteuerliche Behauptung vergleichbarer Gewalt von beiden Seiten diente Schurz offensichtlich dazu, sich von seinem bisherigen moralischen Paradigma zu lösen, das ehemals versklavte, loyale Afroamerikaner gegen illoyale weiße Eliten gestellt hatte. Man finde viel mehr Grautöne als Schwarz und Weiß; vor diesem Hintergrund sei es auch vertretbar, trotz gewaltsamer Überfälle nicht einzugreifen.

Obwohl Schurz nach seiner Kehrtwende daran festhielt, die Lage für Weiße und Schwarze in den Südstaaten verbessern zu wollen, behauptete er mitunter, dass tropische Klimabedingungen gesellschaftliche Entwicklungen determinieren und Reformvorhaben in enge Bahnen weisen würden. In allen warmen Ländern seien die Menschen „leidenschaftlich und von einer turbulenten Veranlagung und mehr geneigt, an die Gewalt zu appellieren als an ein geduldiges Argument". Für die „lateinischen, indianischen und afrikanischen Rassen" stelle dieses Klima einen „kongenialen Boden" dar; auch germanische und angelsächsische Einwanderer würden jedoch in den Bann gezogen. Gesellschaften in südlichen Breitengraden tendierten deshalb entweder zur „Untätigkeit" oder Arbeitsformen „in Richtung von Sklaverei". Auf kritische Nachfragen antwortend, wie diese angebliche Determination durch das Klima mit der Abschaffung der Sklaverei in den USA vereinbar sei, wollte Schurz keinen Widerspruch erkennen und nichts gegen die Sklavenbefreiung gesagt haben. Man dürfe sich aber nichts vormachen: Im Süden seien einzig „durch kluge Verwaltung die heftigsten Symptome zu unterdrücken und [...] ein erträglicher Zustand der Ordnung zu sichern".[22] Man habe es mit Naturbedingungen zu tun, die einer Gesellschaft wie in den Nordstaaten im Wege stünden. Dieser klimatische Fatalismus und mehr angedeutete als ausgeführte Rassismus veranlassten William G. Brown zu einem Rundumschlag im *Louisianian* gegen „die groben Falschdarstellungen und wilden Theorien von Herrn Schurz". Die Entwicklung auf den Britisch-Westindischen Inseln seit Abschaffung der Sklaverei zeige entgegen den Behauptungen: „Farbige [...] besitzen so viel Intelligenz, kontrol-

---

21 Carl Schurz, „Military Interference in Louisiana", 11. Januar 1875, in *Speeches, Correspondence and Political Papers of Carl Schurz*, Bd. 3, 138.
22 Carl Schurz, „Annexation of San Domingo", 11. Januar 1871, *Speeches, Correspondence and Political Papers of Carl Schurz*, Bd. 2, 90, 94–95, 78, 79, 91.

lieren so viel Reichtum und üben so viel Einfluss aus wie jede andere Klasse."[23] Als Bildungspolitiker befürwortete Brown ethnisch gemischte Schulen und Universitäten, was in Louisiana seit 1868 trotz des heftigen Widerstands weißer Gruppen auch stellenweise umgesetzt wurde. Ab 1872 übernahm Brown im Wahlamt des Superintendenten für öffentliche Bildung persönlich Verantwortung für die Weiterentwicklung des Bildungswesens von ganz Louisiana im Sinne dieser Agenda. Schurz' Angriff auf die Entwicklungsfähigkeit des Südens im Allgemeinen und von Afroamerikanern im Besonderen traf den Aktivisten gleicher und ungetrennter Bildung augenscheinlich in Herz.[24]

Abb. 4: William G. Brown (1832–1883), Redakteur des *Lousianian* von 1870 bis 1873 und Superintendent für öffentliche Bildung in Louisiana von 1872 bis 1876. (Quelle: *Education of Negroes*, New Orleans: Omega Psi Phi, 1935.)

Im Präsidentschaftswahlkampf von 1872 war Schurz ein prominenter Vertreter der sogenannten Liberal Republicans, einer dritten Partei, die für ein schnelles Ende der Reconstruction, für Korruptionsbekämpfung sowie eine Reform des öffentlichen Dienstes warb. Verschiedenen Rednern bei der National Convention of Colored People in New Orleans im April des Jahres galt der „exilierte Deutsche" und „große Deutsche in Missouri" als Gefährder afroamerikanischer Rechte

---

23 [William G. Brown,] „The absurdity...", *Louisianian*, 26. Januar 1871; ders. „Senator Carl Schurz", ebd., 22. Januar 1871.
24 Siehe Breaux, „William G. Brown and the Development of Education", 2, 60–61, 79.

schlechthin.²⁵ Die abwertende Kennzeichnung als Ausländer zurückweisend, aber in der Sache bestimmt, erklärte Frederick Douglass in einer Rede: „Die Herren Trumbull und Schurz fallen in die Partei der Reaktion zurück […]. Sie sind ehrenwerte Männer. Es gibt nichts gegen sie zu sagen, denn ihr bisheriges Wirken berechtigt zu Respekt. Aber sie sind auf einen Weg eingeschwenkt, der den farbigen Mann ins Verderben führen würde."²⁶

Die Kampagne der Liberal Republicans, die von viel Wohlwollen der Demokraten profitieren konnte, scheiterte noch 1872 krachend an Grants Republikanern. Schurz' Stellungnahmen trugen jedoch in den folgenden Jahren durchaus effektiv dazu bei, die Unterstützung der Reconstruction zu demontieren. Obwohl republikanische Senatskollegen Schurz weiterhin entschieden widersprachen, nahm der politische Wille, gleiche Rechte im Süden durchzusetzen, bereits in Grants zweiter Amtszeit merklich ab.²⁷ Bei den Wahlen von 1876 unterstützte Schurz erneut den republikanischen Kandidaten Rutherford B. Hayes und setzte sich gleichzeitig vehement für den Abzug der verbleibenden Truppen aus den Südstaaten ein.²⁸ Zwar äußerte Hayes anfangs Bedenken, jedoch berief er Schurz nach seinem Wahlsieg als Innenminister in sein Kabinett. Hayes' Wahl war äußerst knapp und umstritten, was in seinen Augen eine Annäherung an die nun beide Kongresskammern dominierende Demokratische Partei nahelegte. Die Entscheidung, die verbliebenen Truppen aus Louisiana und South Carolina abzuziehen, traf die Regierung bereits in den ersten Wochen nach Amtsantritt. Am Kabinettstisch hob auch Schurz die Hand für diese entscheidende Maßnahme, mit der die US-Regierung sich offiziell davon verabschiedete, afroamerikanische Bürgerrechte im Süden zu sichern.²⁹ Der Washington-Korrespondent des *New Orleans Democrat* jubelte, „die

---

25 Die Redner J. Henri Burch aus Louisiana und Jeremiah Haralson aus Alabama bezeichneten Schurz als „Dutchman", eine im 19. Jahrhundert nicht nur pejorative Bezeichnung für Deutsche und Niederländer. „National Colored Convention. Second Day's Procedings", *Louisianian*, 14. April 1872.
26 Der Senator Lyman Trumbull aus Illinois galt als wahrscheinlicher Präsidentschaftskandidat der Liberal Republicans. Trumbull war zuvor einer der Verfasser des 13. Verfassungszusatzes von 1865, der die Sklaverei abgeschafft hatte. Frederick Douglass, Rede bei der National Convention of Colored People in the United States, 13. April 1872, *New National Era*, 2. Mai 1872.
27 Siehe z. B. die Reden der Senatoren Oliver H. P. T. Morton aus Indiana und Timothy O. Howe aus Wisconsin vom 11. und 12. Januar 1875 in *Congressional Record*, 43rd Cong., 2nd sess., Bd. 3, 371, 397. Zum politischen Willen siehe: Foner, *Reconstruction*, 512–563.
28 Efford, *German Immigrants, Race, and Citizenship in the Civil War Era*, 224.
29 Die Presseberichte über die Kabinettssitzung sind widersprüchlich. Einigen Berichten zufolge sollen Schurz und Außenminister William M. Evarts mit Rücktritt gedroht haben, falls es nicht zum Truppenabzug komme. Nach anderen Berichten wurde der Beschluss einvernehmlich getroffen. Eine von keiner der Quellen belegte Darstellung der Entscheidung bietet eine Broschüre der Anglisten Wolfgang Hochbruck und Aynur Erdogan, die das Carl-Schurz-Haus Freiburg und der

acht Jahre, in denen wir unsere nationalen Energien der Aufgabe gewidmet haben, den Nigger [sic!] am Hosenboden hochzuziehen", seien nun endlich vorbei. Der schnelle Kabinettsbeschluss sei insbesondere dem Innenminister zu danken: „Wenn Schurz den richtigen Weg einschlägt, kann er schneller vorankommen und mehr Gutes tun als jeder andere Mann in den Vereinigten Staaten, und er ist jetzt zweifellos auf dem richtigen Weg."[30] Schurz' einstiger Kritiker William G. Brown, dem als Superintendent für öffentliche Bildung in Louisiana 1872–76 trotz widriger Bedingungen der Ausbau des Schulwesens und die Neu-Gründung einer allen Ethnien offenstehenden Hochschule gelungen waren, schied nun wie viele andere afroamerikanische Amtsträger aus dem öffentlichen Leben. Ab dem Sommer 1878 waren sämtliche Schulen Louisianas wieder strikt nach Rassen getrennt – und blieben es bis 1960.[31]

Die Konsolidierung des sogenannten Jim-Crow-Systems, unter dem Afroamerikaner gewaltsam in den Status einer niederen Kaste gedrückt wurden, begleitete Schurz wohlwollend.[32] „Die Behandlung, welche die farbige Bevölkerung erfährt, ist, obgleich noch nicht so, wie sie sein sollte, doch viel besser geworden", behauptete er in einem Namensartikel der *Westlichen Post* vom August 1881. Zudem zeige die gesteigerte landwirtschaftliche Produktion ein „harmonisches Zusammenwir-

---

Förderverein „Erinnerungsstätte für die Freiheitsbewegungen in der deutschen Geschichte" 2012 herausgegeben haben. Dort wird behauptet, der beschlossene Truppenabzug müsse „hart" für Schurz gewesen sein, weil angeblich im Widerstreit mit seinen Prinzipien. Der Romanautor Andreas Kollender schließt an diese Legende an und konstruiert in seinem Buch *Libertys Lächeln* (2019) eine Szene, in der Schurz sich im Kabinett gegen den Truppenabzug ausspricht. Die Schurz-Biografie des Journalisten Walter Keßler von 2006 übergeht völlig die Folgen der Beendigung der Reconstruction für Afroamerikaner, will aber von aktueller „Anerkennung der Verdienste von Schurz […], zu denen auch seine Unterstützung für Hayes' Normalisierungskurs in den Südstaaten gehört" wissen. Spätestens seit den 1960er-Jahren dürfte eine solche „Anerkennung" zumindest unter professionellen Historikern schwer zu finden sein. Der Jurist Rudolf Geiger bietet in seiner Schurz-Biografie von 2016 immerhin Ansatzpunkte einer kritischen Diskussion der Abkehr von der Reconstruction. Siehe „The Southern Policy", *Chicago Tribune*, 22. März 1877; „The Presidential Campaign – Secretary Schurz and his Preference", *Baltimore Sun*, 22. August 1879; „Matters at Washington. What Mr. Schurz did not say", *New York Times*, 31. August 1879; Hochbruck und Erdogan, *Carl Schurz*, 37; Andreas Kollender, *Libertys Lächeln: Roman* (Bielefeld: Pendragon, 2019), 273–74; Keßler, *Carl Schurz*, 99; Geiger, *Der deutsche Amerikaner*, 237–38, 248, 274–75.
30 A.C. Buell, „Our Washington Letter", *New Orleans Daily Democrat*, 29. Juni 1877 sowie ders. „Schurz Advocating the Withdrawal of Troops", ebd., 21. März 1877.
31 Breaux, „William G. Brown and the Development of Education", 171, 179–180.
32 Der Name „Jim Crow", mit dem das diskriminierende System in den US-Südstaaten nach dem Ende der Reconstruction bis in die 1960er-Jahre in seiner Gesamtheit bezeichnet wird, hat seinen Ursprung in der Darstellung von Afroamerikanern in sogenannten „minstrel shows" aus dem 19. Jahrhundert. Die Figur des „Jim Crow", die gespielt wurde von weißen Darstellern in Blackface, verfestigte rassistische Stereotype.

ken", das auch in der vermehrten Errichtung von Schulen für Afroamerikaner zum Ausdruck komme.[33] Dass die ehemals eingeführten gleichen bürgerlichen Rechte für Afroamerikaner schrittweise beseitigt wurden, war für Schurz kein Grund zur Klage. Vielmehr ging er davon aus, die freie Selbstbestimmung weißer Südstaatler müsse selbstverständlich Vorrang haben. Diese hätten jedoch zugleich eine Verpflichtung, mit ihrer Vorherrschaft zur Entwicklung und späteren Befähigung der Afroamerikaner zu einer zunehmend gleichberechtigten Teilhabe am gesellschaftlichen Leben beizutragen. In den 1880er-, 1890er- und frühen 1900er-Jahren beschönigte Schurz das System der weißen Vorherrschaft mit dieser paternalistischen Perspektive – und meldete allenfalls kritisch an, weiße Südstaatler würden der ihnen anvertrauten Mission nicht immer gerecht.[34]

Am ausführlichsten legte Schurz seine Perspektive dar in einer Broschüre über den „neuen Süden", die er 1885 im Anschluss an eine Reise durch ehemalige Konföderationsstaaten herausgab. Anerkennend hielt er dort fest, das Ende der Reconstruction habe zu einer Befriedung geführt. „Als die nationale Regierung aufhörte, die carpet-bag-Regierungen mit Waffengewalt aufrechtzuerhalten, hörten die ‚Übergriffe des Südens' der blutigen Art allmählich auf." Das Wahlrecht sei Afroamerikanern allerdings entzogen worden, jedoch sei insgesamt eine begrüßenswerte gesellschaftliche Entwicklung angestoßen worden, in der „die Arbeitgeberklasse" die schwarzen Wähler kontrolliere, „bis der Neger ausreichend gebildet und unabhängig geworden ist, um selbst zu denken und zu handeln". Zwar gebe es keine gleichen Rechte, doch zeichne den Umgang der weißen Südstaatler mit Afroamerikanern eine „herzliche Freundlichkeit" aus, die „dem niedrigen moralischen und geistigen Zustand des Plantagennegers" ohnehin angemessener sei als ein gleicher Rechtsstatus.[35]

Vor dem Hintergrund seiner harmonisierenden Konzeption nahm Schurz ausgerechnet die Bemühungen von Afroamerikanern und weißen Reformern, Bürgerrechte zu sichern, als Bedrohung wahr. Anlässlich erneuter Organisationsbestrebungen schwarzer Bürgerrechtler warnte er im Juli 1883 in einem Leitartikel der New Yorker *Evening Post* vor „extravaganten oder unzeitgemäßen Forderungen nach einer Erweiterung oder weiteren Durchsetzung sozialer Rechte", denn diese

---

33 Carl Schurz, „Entwicklungen im Süden", *Westliche Post*, wöchentliche Ausgabe, 17. August 1881.
34 Hans Trefousse, dem zugutegehalten werden muss, dass er Schurz' Abkehr von der Reconstruction nicht wie manch anderer Autor verschweigt, konstruiert wenig überzeugend eine erneute Unterstützung afroamerikanischer Rechte in Schurz' späteren Jahren. Siehe Trefousse, *Carl Schurz*, 188–89, 291.
35 Carl Schurz, „The New South", April 1885, in *Speeches, Correspondence and Political Papers of Carl Schurz*, Bd. 4, 372, 396, 392.

„könnten das Wachstum angemessener Beziehungen zwischen den Rassen, das jetzt im Gange ist, nur stören. Vor allem würden nationale farbige Organisationen mit politischem Charakter schnell zum Ärgernis werden." Afroamerikaner in den Südstaaten täten besser daran, ihre Bemühungen darauf zu richten, „unter sich den Fleiß, das sparsame Wirtschaften und die Bildung zu fördern" und dadurch „ihre bereits freundschaftlichen Beziehungen zu ihren weißen Nachbarn gut zu gestalten".[36] Im Oktober 1890 wandte sich Schurz vehement gegen die sogenannte Federal Elections Bill. Dieser kontrovers diskutierte, aber letztlich nicht erfolgreiche Gesetzentwurf, den Henry Cabot Lodge aus Massachusetts im Repräsentantenhaus einbrachte, sah vor, ähnlich wie der spätere Voting Rights Act von 1965, Wahlen unter Bundesaufsicht zu stellen. So sollte dem Ausschluss von afroamerikanischen Wählern im Süden ein Riegel vorgeschoben werden.[37] Vor einem Publikum in Boston warnte Schurz davor, „diese Marke der Zwietracht in den Süden zu werfen und damit mutwillig seinen Frieden, brüderliche Gefühle, Fortschritt und Wohlstand zu gefährden". Seit dem Ende der Reconstruction habe ein „wunderbare Veränderung" stattgefunden.[38]

Im Januar 1904, zwei Jahre vor seinem Tod, veröffentlichte Schurz einen skeptischeren Artikel über die Entwicklungen im Süden. Es sei zwar verständlich, dass weiße Südstaatler sich gegen das unter der Reconstruction durchgesetzte allgemeine Wahlrecht für Afroamerikaner sperrten, die Schurz als „Injektion einer großen Masse von Unwissenheit als aktives Element in den Staatskörper" charakterisierte. Doch hinderten offensichtlich weiße Südstaatler gleichermaßen ungebildete und gebildete Afroamerikaner an der Wahlteilnahme. Zudem gebe es „energische Befürworter der Einführung einer Art von Halbsklaverei", statt dass Afroamerikanern eine positive Entwicklung unter weißer Vorherrschaft ermöglicht würde. „Der Reaktionär möchte die farbige Bevölkerung, d. h. die große Masse der arbeitenden Bevölkerung im Süden, so unwissend wie möglich halten, um sie so gefügig und gehorsam wie möglich zu machen." Der weiße Süden schade damit sich selbst, „indem er die Masse seiner Arbeitskräfte wieder zu einem Hemmschuh für die fortschreitende Entwicklung macht". Die zivilisierende Aufgabe, die Schurz weißen Südstaatlern zugedacht hatte, führten diese nach seinem Dafürhalten nicht

---

36 [Carl Schurz,] „Convention of Colored Men", *Evening Post*, New York, 17. Juli 1883. Siehe auch ders., „The Negro in Politics", *Harper's Weekly*, 4. September 1897, 871. Zu den bürgerrechtlichen Bestrebungen im Jahr 1883 siehe Blight, *Frederick Douglass*, 638–649.
37 Siehe Richard E. Welch, „The Federal Elections Bill of 1890: Postscripts and Prelude", *Journal of American History* 52, Nr. 3 (1965): 511–26.
38 Carl Schurz, „The Tariff Question: Address before the Massachusetts Reform Club", 20. Oktober 1890, in *Speeches, Correspondence and Political Papers of Carl Schurz*, Bd. 5, 75. Siehe auch ders. „The Issues of the National Campaign of 1892", 8. September 1892, in ebd., 115–120.

zufriedenstellend aus. Als „Lösung des Problems im Einklang mit unseren freiheitlichen Institutionen" verbiete sich jedoch auch jetzt definitiv ein Eingreifen der Bundesebene: „Es kann sicher nicht schnell und endgültig durch eine drastische gesetzgeberische Maßnahme gelöst werden, die eher irritieren als heilen könnte." Mehr als dreißig Jahre waren vergangen seit Schurz' erstem Bewerben der freien und nicht durch Bundesinterventionen beeinträchtigten Selbstbestimmung weißer Südstaatler – als angebliche Grundbedingung einer auch für Afroamerikaner gedeihlicheren Entwicklung. Obwohl sich diese Entwicklung offensichtlich nicht eingestellt hatte, hielt Schurz auch jetzt daran fest: Die freie Selbstbestimmung weißer Südstaatler müsse gewahrt bleiben. Es sei nur möglich, einen „langsamen Prozess der Besänftigung der öffentlichen Meinung" im Süden anzustoßen. Dieser verspreche „schließlich die dauerhaftesten Ergebnisse".[39]

Nachdem Schurz am 14. Mai 1906 verstorben war, nahm Booker T. Washington, der afroamerikanische Leiter des Tuskegee Institute in Alabama, vor hochrangigen Gästen in der New Yorker Carnegie Hall Abschied mit einer weihevollen Trauerrede. Schurz sei ein Mann gewesen, „der den Indianern, den Negern und den Weißen im Süden Gerechtigkeit widerfahren lassen wollte". Auch die Wendung gegen die Reconstruction, als „Demagogen [...] am Werk waren, um die schwarze und weiße Rasse im Süden zu entfremden [sic!]", sei ihm hoch anzurechnen. „Durch die Freundschaft einer solchen Seele kann jeder Neger noch stolzer auf seine Rasse sein."[40] Für Washington schien das Arrangement mit den weißen Eliten die erfolgversprechendste Perspektive, um unter den Bedingungen der weißen Vorherrschaft zumindest eine gewisse Unterstützung für wirtschaftliche Entwicklung und Bildungsmöglichkeiten für Afroamerikaner zu erreichen. Selbstbewussten Forderungen nach rechtlicher Gleichstellung und gesellschaftlicher Teilhabe, wie sie der afroamerikanische Intellektuelle W. E. B. Du Bois, die „Niagara Movement" und andere befürworteten, schienen Washington schlicht unrealistisch.[41] Von den Befürwortern gleicher Rechte ist kein Nachruf auf Schurz überliefert.[42]

---

39 Carl Schurz, „Can the South Solve the Negro Problem?", Januar 1904, in *Speeches, Correspondence and Political Papers of Carl Schurz*, Bd. 6, 328, 336, 339, 342, 343, 348.
40 Washington, „Address of Dr. Booker T. Washington", 21. November 1906, 39, 41.
41 Siehe W. E. B. Du Bois, *The Souls of Black Folk* (New York: Oxford University Press, 2007), 33–44.
42 Wie Sarah Papazoglakis zeigt, bezog sich W. E. B. Du Bois in seinen Publikationen strategisch, aber durchaus distanziert auf Schurz. Die Rücksicht war wohl zumindest teilweise finanziell begründet, denn Du Bois bemühte sich um Förderung durch Andrew Carnegie, der ein enger Freund von Schurz war. Siehe Sarah Papazoglakis, „A ‚Fine Liberal' in Black Radical History: W. E. B. Du Bois's Strategic Citation of Carl Schurz", *American Studies* 58, Nr. 4 (2019): 97–118.

4 Die zivile Verwaltung der Indianerangelegenheiten

Als Innenminister im Kabinett von Rutherford B. Hayes trug Schurz 1877 bis 1881 die Verantwortung für den Geschäftsbereich „Indianerangelegenheiten". Neue Landabtretungen, aber auch die Wahrnehmung von geltenden Verträgen, die Verwaltung von Reservationen und alle sonstigen Beziehungen der US-Regierung mit indigenen Gemeinwesen fielen damit in Schurz' Verantwortungsbereich. Wie bereits in seiner Zeit als Senator betonte er als Innenminister, entschiedener als mancher Vorgänger die Maßstäbe demokratischer Volkssouveränität zur Geltung bringen zu wollen – auch in den Indianerangelegenheiten.

Obgleich die von ihm mit herausgegebene *Westliche Post* noch 1867 Sympathie dafür gezeigt hatte, Indigene mit Staatsbürgerrechten auszustatten, um so der Westexpansion die Form einer ‚rechtlichen Umarmung' zu verleihen, machte Schurz als Innenminister deutlich, dass rechtliche Gleichheit auf absehbare Zeit nicht infrage kommen könne. Vielmehr müsse die Indianerpolitik dem Interesse von US-Bürgern an der Inbesitznahme weiterer indigener Ländereien Rechnung tragen. Verbliebene Reservationen sollten perspektivisch aufgelöst werden, nachdem die indigenen Gemeinwesen durch die Aufteilung des Gemeinbesitzes an Land in Privatparzellen für Indigene („allotment") atomisiert und „überschüssige Ländereien" („surplus lands") an Weiße verkauft wären. Die soziale Individualisierung und Einsortierung in die niederen Ränge der US-Gesellschaft sollte des Weiteren befördert werden durch Umerziehung der indigenen Jugend in speziellen Internaten. Erst nachdem dieser Prozess abgeschlossen und ein Großteil der noch in indigenem Besitz befindlichen Ressourcen in weiße Hände übergegangen seien, könne an Rechtsgleichheit gedacht werden. Der Forderung zahlreicher indigener Anführer und von Reformern, die Landrechte bestehender indigener Gemeinwesen zu sichern und Klagemöglichkeiten vor bürgerlichen Gerichten gegen Übergriffe und Betrug von Weißen einzuräumen, lehnte er als kontraproduktiv ab.

Die Maßstäbe guter, nicht korrupter und demokratischen Regeln gehorchender Regierungsführung bedeuteten im Hinblick auf die Indianerangelegenheiten, ähnlich wie im Fall der Reconstruction, dass Schurz weiße Selbstbestimmungs- und Beherrschungsinteressen zum unhintergehbaren Ausgangspunkt machte und diese so zu regulieren versprach, dass für eine ferne Zukunft auch die Mitglieder der beherrschten Ethnien auf gleiche Rechte hoffen könnten. Indem Schurz diese behauptete künftige rechtliche Gleichstellung unterstrich, nahm er für seine Indianerpolitik in Anspruch, in besonderem Maße auch den kolonisierten Indigenen zu entsprechen. Auf dem Weg dorthin schien Schurz jedoch die Anwendung sogar extremer Gewaltmittel legitim, bis hin zur Androhung der physischen Auslöschung einer ganzen rebellischen Gruppe wie der White River Utes.

Schurz' Ideen zur Indianerpolitik waren bereits zu seiner Zeit umstritten. Indigene Kommentatoren, sofern sie zu Wort kamen, aber auch zahlreiche Reformer kritisierten seine Konzepte als übergriffig und brutal. Einen besonders effektiven Konter zu dieser Kritik meinte Schurz nicht darin ausmachen zu können, worauf seine Reformideen hinausliefen, sondern worauf sie *nicht* hinausliefen. Sein Ansatz widersetze sich jenen, „die denken, ‚der einzige gute Indianer ist ein toter Indianer', und die jede Anerkennung eines indianischen Rechts verunglimpfen".[1] Gemeint waren damit weiße Siedler und die US-Armee, die laut Schurz gegen Indigene eine weit brutalere Politik der Vernichtung bevorzugt hätten. Seiner Position müsse deshalb zugutegehalten werden, diese noch schlimmere Alternative abgewendet zu haben, meint noch manche heutige Darstellung.[2]

Zeitgenössische Kritiker fanden das Argument, die erzwungene Assimilierung stelle im Vergleich zu einer drohenden militärischen Ausrottung das geringere Übel dar, nicht sonderlich plausibel. Die Gefahr militärischer Gewalt war zwar real, doch der Schutz der Reservationsgrenzen in ihrer bestehenden Form und die Stabilisierung der indigenen Gesellschaften schienen ihnen durchaus im Bereich des Möglichen zu liegen. Darüber hinaus verdeckte Schurz' ostentative Ablehnung des Militärs die Tatsache, dass es viele Überschneidungen zwischen seinen Ideen und denen des Militärs gab. Ende 1878 wurde dies deutlich in Anhörungen des Kongresses zu einem jahrzehntelangen Ressortstreit zwischen Kriegs- und Innenministerium über die Zugehörigkeit des Büros für Indianerangelegenheiten. Bis 1849 hatte dieses Büro dem Kriegsministerium unterstanden, war aber dann in das neu eingerichtete Innenministerium verlegt worden. Seither hatte es infolge grassierender Korruption und zahlreicher gewaltsamer Konflikte an der westlichen Siedlungsgrenze einen dauernden Streit darüber gegeben, ob die zivilen Beamten des Innenministeriums die Indianangelegenheiten weiter führen sollten oder das Kriegsministerium das Büro wieder übernehmen sollte.[3] Im Juni 1878 richtete der Kongress einen gemeinsamen Ausschuss des Senats und des Repräsentantenhauses ein, welcher das Für und Wider zu prüfen hatte.[4] Vor diesem Aus-

---

1 Carl Schurz, „Present Aspects of the Indian Problem", Juli 1881, in *Speeches, Correspondence and Political Papers of Carl Schurz*, Bd. 4, 123.
2 Siehe z. B. Joachim Käppner, „Der Gesang der eisernen Lerche", *Süddeutsche Zeitung*, 10. Oktober 2022; Hochbruck und Erdogan, *Carl Schurz*, 35; Lubrecht Sr., *Carl Schurz, German-American Statesman*, 140; Keßler, *Carl Schurz*, 100–101.
3 Siehe Eric M. White, „Interior vs. War: The Development of the Bureau of Indian Affairs and the Transfer Debates" (M.A. Thesis, Harrisonburg, VA, James Madison University, 2012).
4 Ebd., 75.

schuss präsentierten Schurz und General William T. Sherman, der Oberbefehlshaber des Heeres, konkurrierende Konzepte, die jedoch auch wesentliche Annahmen teilten. Sherman und Schurz gingen davon aus, das Büro für Indianerangelegenheiten habe zur Aufgabe, die weitere Übernahme von indigenen Ländereien und Naturressourcen durch weiße US-Bürger unter Vermeidung unnötiger Gewalteskalation und Unkosten zu regeln.[5] „Diese Änderung muss mit so wenig Grausamkeit und Unmenschlichkeit wie möglich vorgenommen werden", ließ Sherman verlauten.[6] Die beiden Redner waren sich ebenfalls einig darin, dass sowohl zivile Indianeragenten als auch das Militär notwendige Funktionen in diesem Kolonisationsprogramm zu erfüllen hätten. Schurz forderte eine Gesetzesgrundlage dafür, dass der US-Präsident im Falle von Unruhen Reservationen der direkten Kontrolle des Militärs unterstellen könne; Sherman unterstrich, dass das Büro für Indianerangelegenheiten auch unter dem Kriegsministerium weiterhin hauptsächlich zivile Agenten beschäftigen würde.[7] Uneinig waren sich die Redner allerdings bezüglich der geeignetsten bürokratischen Struktur. Sherman kennzeichnete das zivile Büro für Indianerangelegenheiten als notorisch korrupt und klagte über umständliche Dienstwege, die das Herbeirufen des Militärs erst ermöglichten, wenn Konflikte nicht mehr ohne Gewalteinsatz eindämmbar seien. Die Armee sei verlässlicher und logistisch besser aufgestellt als das Innenministerium. Es sei daher sinnvoll, die Indianerangelegenheiten im Kriegsministerium zu bündeln.[8] Schurz hielt dagegen, unter seiner Leitung werde bereits gegen Korruption vorgegangen, die schon ein Problem gewesen sei, als das Büro noch dem Kriegsministerium unterstand. Wenn man die Indianerangelegenheiten im Kriegsministerium bündele, dann hebele man zudem den Primat gewählter politischer Vertreter zugunsten von Militärs aus.[9]

Sowohl Sherman als auch Schurz betonten, neben der Zwangsumsiedelung von Indigenen in Reservationen seien auch Eingriffe in die Sozialstruktur ihrer Gemeinwesen geboten, um diese langfristig in die weiße Mehrheitsgesellschaft zu integrieren. Sherman erklärte, Indigene sollten „durch Zwang und Überzeugungsarbeit" dazu gebracht werden sollten, „ihr Leben mit irgendeiner Arbeit zu bestreiten".[10] Schurz sprach den Militärs die Kompetenz dazu ab, indigene Gemeinwesen erzieherisch umzuformen, denn naturgemäß liege das Hauptgewicht mili-

---

5 Siehe die Stellungnahmen von William T. Sherman am 3. Dezember und Carl Schurz am 6. Dezember 1878 in Senate Miscellaneous Document 53, 45th Cong., 3rd. sess. (1879), 220, 280.
6 Ebd., 220.
7 Ebd., 228, 272.
8 Ebd., 219, 222.
9 Ebd., 258.
10 Ebd., 227.

tärischer Organisation darauf, Zwang auszuüben.[11] Die Integration sei aber nur als Werk einer zivilen Organisation zu erreichen.[12] Schurz behauptete, ohne konkret zu werden, der anvisierte Eingriff in indigene Sozialstrukturen stelle, verglichen mit militärischen Methoden, einen menschenfreundlicheren Ansatz dar.[13] Allerdings verband sich mit seiner nur um Nuancen freundlicher formulierten Konzeption eine außerordentliche Anmaßung, indigene Kulturen umzubilden: Während der Ordnungsanspruch der aussagenden Militärs trotz ihrer Absicht, indigene Gemeinwesen auf neue Wirtschaftsweisen festzulegen, sich noch an den etablierten Grenzen der Reservationen relativierte, wollte Schurz viel umfassender in indigene Sozialstrukturen eingreifen.[14] Und trotz der angeblich humaneren Vorgehensweise sprach auch er von Anfang an von einer Notwendigkeit militärischer Absicherung.[15] Eine Symbiose von „Zwang und Überzeugungsarbeit" lag deshalb auch seinen Konzepten zugrunde.[16]

---

[11] Ebd., 257.
[12] Ebd., 271.
[13] Ebd., 256.
[14] Siehe auch die Stellungnahme des Generalquartiermeisters Montgomery C. Meigs am 3. Dezember 1878 in ebd., 232.
[15] Siehe ebd., 258.
[16] Die Anhörungen gingen im Frühjahr 1879 unentschieden zu Ende. Die Indianangelegenheiten blieben daher – bis zum heutigen Tage – im Innenministerium. Siehe White, „Interior vs. War: The Development of the Bureau of Indian Affairs and the Transfer Debates", 85–86.

5 Die Umsiedelung der Colorado Utes als Vorwegnahme der Zwangsassimilation

Dass Schurz' Konzeptionen keine Absage an militärische Gewalt und gezielte Vernichtung implizierten, zeigte sich am Umgang mit dem Konflikt um die Colorado Utes im Herbst 1879. Der Umgang mit den Utes gilt in vielen Darstellungen neben der Zwangsumsiedelung der Poncas aus dem nördlichen Nebraska in das Indian Territory im Frühjahr 1877 als die vielleicht kritikwürdigste Episode von Schurz' Indianerpolitik. Während sich jedoch die Behandlung der Poncas aus Schurz' Beharren auf der Umsetzung einer Umsiedelungsorder seines Vorgängers erklärt, war sein Kurs bezüglich der Utes ganz Resultat seiner eigenen politischen Konzeption.[1] Die Umsiedelung der Utes sollte die Fruchtbarkeit seines Assimilationsprogramms für alle Indigenen beweisen.

Seit seinem Amtsantritt als Innenminister hatte Schurz darauf gedrängt, spezielle Internate zur Umerziehung indigener Kinder nach amerikanischen Normen einzurichten.[2] Gleichzeitig hatte er dafür geworben, den territorialen Gemeinbesitz der Reservationen aufzubrechen, indem Indigenen – vorerst unverkäufliche – Parzellen als ihr privates Eigentum zugewiesen würden. Bekannt war diese Forderung unter dem Stichwort des „Allotment". 1877 und 1878 ging Schurz davon aus, dass der Bestand der Reservationen als exklusive Territorien indigener Gemeinwesen von dieser Aufteilung zumindest vorerst unberührt bleiben sollte. Im Laufe des Jahres 1879 ging er aber dazu über, neben der Parzellierung des bisherigen Gemeinbesitzes auch den Verkauf der nicht verteilten Fläche an weiße Siedler zu fordern, was einer faktischen Abschaffung der Reservationen als politisch separate Territorien gleichkam.[3] Schurz unterstützte einen Gesetzesvorschlag, der den Innenminister ermächtigen sollte, alle bestehenden Reservationen entsprechend aufzuteilen und für die Besiedelung durch Weiße zu öffnen.[4] Nach gewaltsamen Zusammenstößen auf dem Gebiet der Utes im westlichen Colorado Ende September 1879 sah er eine Möglichkeit, Fakten zu schaffen und so die Fruchtbarkeit sei-

---

1 Zur Kontroverse um die Umsiedelung der Poncas siehe Valerie Sherer Mathes und Richard Lowitt, *The Standing Bear Controversy: Prelude to Indian Reform* (Urbana, IL: University of Illinois Press, 2003); Stephen Dando-Collins, *Standing Bear Is a Person: The True Story of a Native American's Quest for Justice* (Cambridge, MA: Da Capo Press, 2004).
2 Siehe U. S. Secretary of the Interior, *Annual Report of the Secretary of the Interior*, 1. November 1877, xi–xii.
3 Siehe House Report 165, 45th Cong., 3rd sess., 3. März 1879, 2; U. S. Secretary of the Interior, *Annual Report of the Secretary of the Interior*, 15. November 1879, 4.
4 Siehe die Gesetzesvorlagen S. 584, 46th Cong., 1st sess. (1879), S. 989, 46th Cong., 2nd sess. (1880).

nes Ansatzes unter Beweis zu stellen, noch bevor der Kongress einem umfassenderen Programm der Zwangsassimilation zugestimmt hatte.

Wie der von Schurz ausgesandte Indianeragent Charles Adams schon bald ermitteln konnte, war es bei der White River-Agentur, einer von drei Agenturen, die das Büro für Indianerangelegenheiten bei den Colorado Utes unterhielt, zu Spannungen gekommen. Nachdem der Agent Nathan Meeker demonstrativ ein als Pferdewiese von den White River Utes genutztes Feld gepflügt hatte, kam es zu wütenden Reaktionen; Meeker rief das Militär zu Hilfe. Als Kavallerie-Soldaten entgegen geltenden Verträgen und trotz expliziter Warnungen in Kampfformation in das Stammesgebiet der White River Utes eindrangen, griffen Ute-Kämpfer die Armee und die Agentur am White River an. Der Agent Meeker sowie zehn seiner männlichen Angestellten und dreizehn Armee-Angehörige kamen ums Leben. Im Zuge der Kämpfe an der White River-Agentur, die als „Meeker-Massaker" bekannt wurden, nahmen die Kämpfer zudem fünf weibliche Geiseln, die nach mehr als drei Wochen in Gefangenschaft durch die Vermittlung des Anführers Ouray freikamen. Ouray war eine bedeutende Autorität unter den weiter südlich lebenden Uncompahgre Utes, die sich nicht an den Unruhen beteiligt hatten. Nachdem große Armee-Verbände angerückt waren, gaben die Aufständischen kampflos auf. Die befreiten Geiseln berichteten direkt nach der Befreiung, gut behandelt worden zu sein. Später jedoch änderten einige ihre Aussage und warfen den Entführern Vergewaltigung vor.[5]

„Die Indianer sind um Frieden bemüht und wünschen eine umfassende Untersuchung des Vorfalls", meldete der ausgesandte Indianeragent Adams nach Washington.[6] In seinen Anweisungen machte Schurz jedoch deutlich, dass jegliche Verhandlungen auf einen grundlegenden Wandel des Status der Utes zu zielen haben. Erstens seien die an dem Überfall auf die Indianeragentur beteiligten Kämpfer festzustellen und als „Schuldige [...] zu behandeln, wie Weiße unter ähnlichen Umständen".[7] Den von den Utes beanspruchten Status eines souveränen Gegners mit eigener Gerichtsbarkeit lehnte er rundweg ab – die Kämpfer seien als Täter

---

[5] Peter R. Decker, *The Utes Must Go!: American Expansion and the Removal of a People* (Golden, CO: Fulcrum Publishing, 2004), 121–44; Robert Silbernagel, *Troubled Trails: The Meeker Affair and the Expulsion of Utes from Colorado* (Salt Lake City, UT: University of Utah Press, 2011), 6–19. Den Ablauf der Eskalation rekonstruierte der von Schurz ausgesandte Charles Adams bereits Wochen nach den Geschehnissen. Siehe Charles Adams an Carl Schurz, 23. Oktober 1879 in U.S. Senate. Committee of Indian Affairs. *Letter from the Secretary of the Interior Transmitting in Compliance with a Resolution of the Senate of December 8, 1879, Correspondence Concerning the Ute Indians in Colorado*, Senate Executive Document [im Folgenden S. Exec. Doc.] 31, 46th Cong., 2nd sess., 7. Januar 1880, 13–14.

[6] Charles Adams an Carl Schurz, 21. Oktober 1879, ebd., 13.

[7] Carl Schurz an Charles Adams, 26. Oktober 1879, ebd., 15.

von einem US-Gericht abzuurteilen, was unter den geltenden Gesetzen eine Verurteilung zum Tode sehr wahrscheinlich machte. Zweitens sei die Gelegenheit zu nutzen, eine schon vor dem Konflikt ins Auge gefasste totale Auflösung der gesamten Ute Reservation im westlichen Colorado zu erreichen, sowohl für die White River Utes als auch der unbeteiligten Gruppen der Uncompahgre und Southern Utes:

> „Bei unserer Unterredung in Denver vor einem Monat waren wir uns einig, dass ihre Ansiedlung auf landwirtschaftlichen Flächen in ihrer Reservation [...] der Schwierigkeit entgegenwirken würde. Es scheint wahrscheinlich, dass unter den gegebenen Umständen viele von ihnen, die noch vor kurzem die Idee der Arbeit für den Lebensunterhalt ablehnten und entschlossen waren, an ihren alten Gewohnheiten festzuhalten, dazu gebracht werden könnten, sich auf diese Weise niederzulassen."[8]

Schurz machte geltend, die aufgewühlte Stimmung und Rufe nach Rache seitens weißer Bürger in Colorado würden ein Verbleiben der Utes in ihrem bisherigen Gebiet unmöglich machen.[9] Auf diese Drohkulisse wollte sich Schurz in den Verhandlungen mit den Utes allerdings nicht verlassen. In den zunächst bei der Los Pinos-Agentur geführten Verhandlungen ließ Schurz den Verhandlungsführer General Edward Hatch die Utes warnen, „der gesamte Stamm muss zur Verantwortung gezogen werden und entsprechend behandelt werden", wenn sie der Aufforderung zur Auslieferung der beteiligten Kämpfer nicht nachkämen.[10] Hatch gab dies weiter und stellte die am Konflikt beteiligten wie unbeteiligten Utes vor die Alternative „Übergabe der Schuldigen oder Vernichtung des Stammes".[11] Zusätzlich zu dieser Drohung militärischer Vernichtung hatte Schurz bereits Anfang November den Entzug aller vertraglich zugesicherten Essensrationen an die White River Utes verfügt, um Zustimmung zu seinen Bedingungen zu erzwingen:

> „Sie haben keinen Anspruch auf irgendetwas. Sie haben 1.700 Stück Vieh am White River geraubt und andere Vorräte zerstört. Das Vieh wird sie vielleicht eine Zeit lang am Leben erhalten. Wenn die Not sie spüren lässt, was sie getan haben, umso besser. Ich überlasse es jedoch der Kommission, zu entscheiden, ob die Gewährung oder das Zurückhalten von Vorräten am besten geeignet ist, sie dazu zu bringen, die Schuldigen auszuliefern und sich den anderen Bedingungen zu unterwerfen. Vielleicht hat die Alternative, entweder Nachschub

---

8 Carl Schurz an Charles Adams, 27. Oktober 1879, ebd., 16.
9 Diese bedrohliche Stimmung ist historisch belegt. Siehe Decker, *The Utes Must Go!*, 145–49; Silbernagel, *Troubled Trails*, 106–18.
10 Carl Schurz an Edward Hatch, 19. November 1879, in S. Exec. Doc. 31, 46th Cong., 2nd sess., 7. Januar 1880, 26.
11 Edward Hatch an Carl Schurz, 7. Dezember 1879, ebd., 31.

zu erhalten, wenn sie sich fügen, oder zu verhungern, wenn sie es nicht tun, eine überzeugende Wirkung."[12]

Der Entzug zugesicherter Subsistenzmittel mitten im Winter und bei wenig Möglichkeiten, Ersatz zu beschaffen, war das zweite Druckmittel in Schurz' Erpressungsstrategie gegen die White River Utes. (Die Uncompahgre und Southern Utes bekamen weiter ihre vertraglich zugesicherten Rationen.) An dem Entzug von Lebensmitteln als Erpressungsinstrument hielt Schurz auch fest, nachdem Ute-Verhandlungsführer bereits prinzipiell den Forderungen zugestimmt hatten und eine

Abb. 5: Delegation der Utes in Washington, D. C., Anfang 1880. Von links nach rechts: Ignacio (Anführer der Southern Utes), Carl Schurz, Woretsiz, Ouray (Anführer der Uncompahgre), General Charles Adams, Chipeta (Uncompahgre). (Quelle: J. Paul Getty Museum, Los Angeles.)

---

12 Carl Schurz an Charles Adams, 8. November 1879, ebd., 22–23.

Delegation der Uncompahgre Anfang Januar 1880 nach Washington gekommen war, um Details auszuhandeln. Die Auslieferung der am Angriff auf die Agentur beteiligten Kämpfer hatte sich aber weiter verzögert, trotz Zusagen. Schurz knüpfte an eine lange Tradition der entgrenzten Kriegsführung an, indem er zwischen indigenen Kombattanten und unbeteiligten Zivilisten keinerlei Unterschied machte.[13] Obwohl eine gerichtliche Verurteilung von Ute-Kämpfern beabsichtigt war, waren alle gewöhnlichen Maßstäbe des US-Rechts bei der Behandlung der Utes ausgehebelt. Dem Uncompahgre-Verhandlungsführer Ouray fiel dies gleich ins Auge. Er fragte Schurz:

„Warum machen Sie meinen Stamm für das verantwortlich, was diese Männer getan haben? Wir sind Uncompahgres; sie sind White River Utes und stehen nicht unter meiner direkten Kontrolle. Wenn hier in Washington ein Mord begangen würde, würden Ihre Behörden dann die ganze Bevölkerung dafür büßen lassen?"[14]

Auch wenn die US-Öffentlichkeit imperialer Übergriffigkeit gegenüber Indigenen nicht prinzipiell ablehnend gegenüberstand, erfuhr die Behandlung der Utes keineswegs nur Beifall. Der *Washington Post* schien die Nutzung von Hunger als Erpressungsmittel unnötig brutal. Die Zeitung führte aus:

„Wenn wir die Ute-Mörder nicht fangen können, dann lassen wir ihre Großmütter verhungern. Aus diesem Grund haben wir die Rationen gestrichen, die einem Stamm aufgrund eines Vertrages zustehen – ein Vertrag, den die Utes schon vor Jahren erfüllt haben. Das Indianerbüro ist mutig. Es behält die Lebensmittel ein, die diesen Indianern zustehen und für die sie bezahlt haben, und sagt zu den alten Männern, den Frauen und den Babys: ‚Ihr könnt etwas zu essen haben, wenn ihr zwölf Mörder gefangen und ausgeliefert habt.' Wir sollten ein stolzes Volk sein."[15]

„Wenn Herr Schurz einem Indianerstamm die Lebensmittelversorgung abschneidet, weil einige wenige von ihnen sich schrecklicher Verbrechen schuldig gemacht haben und nicht gefangen und zur Bestrafung an ihn ausgeliefert wurden, quält er die Unschuldigen ebenso wie die Schuldigen.

Wir können mit Sicherheit sagen, dass die Unschuldigen in erster Linie die Leidtragenden sind. Alten Männern, Frauen und Kindern, die nicht einmal verdächtigt werden, am Meeker-Massaker beteiligt gewesen zu sein, wird mitten im Winter, wenn der Schnee in ihrem Land sechs oder acht Fuß hoch liegt, die Verpflegung verweigert, wenn sie natürlich auch ansonsten nichts zu essen bekommen können.

---

13 Das Einbehalten von Rationen war in den 1870er- und 1880er-Jahren ein irreguläres, aber wiederholt eingesetztes Instrument der Indianerpolitik. Siehe z. B. Jeffrey Ostler, *The Plains Sioux and U. S. Colonialism from Lewis and Clark to Wounded Knee* (New York: Cambridge University Press, 2004), 133, 159.
14 „The Utes Still under Guard", *New York Tribune*, 14. Januar 1880.
15 [Leitartikel,] *Washington Post*, 26. Januar 1880.

> Hunger ist eine furchtbare Folter. Er ist eine höllische Strafe, die nur in den verzweifeltsten Fällen als letztes Mittel gerechtfertigt ist. Den Utes am White River zu sagen, wie Herr Schurz es getan hat: ‚Ihr sollt keine Rationen bekommen, bis die Mörder sich ergeben haben', bedeutete einfach, einer großen Anzahl unschuldiger Menschen zu sagen, dass sie verhungern müssen, weil sie etwas Unmögliches nicht tun wollten."[16]

Schurz reagierte auf diesen Meinungsartikel zunächst gar nicht. In der *New York Tribune*, die seinerzeit eine deutlich höhere Auflage als die *Post* besaß, kommentierte einige Tage später die Reformerin Helen H. Jackson Schurz' Politik ähnlich:

> „Der Innenminister hat die Ausgabe von Rationen an 1.000 dieser hilflosen Kreaturen gestoppt; Rationen, die wohlgemerkt keine Wohltätigkeit sind und nie waren, sondern die rechtmäßigen Ansprüche der Utes aufgrund des von ihnen verkauften Landes sind. [...] Sollen wir stillsitzen, warm und wohlgenährt in unseren Häusern, während fünfhundert Frauen und kleine Kinder in der kahlen, öden Wildnis von Colorado langsam verhungern?"[17]

Vor dem Hintergrund des kritischen Presseechos zu seiner Methode des Aushungerns versuchte Schurz sich in Schadensbegrenzung. Pressevertretern erklärte er, der Hunger der White River Utes sei keineswegs das Resultat einer gewollten Taktik, sondern resultiere aus der von ihnen angerichteten Zerstörung. Die White River Utes „zerstörten ihre eigenen Lebensmittelrationen, für die keine weiteren Bewilligungen vorhanden sind". Angesichts begrenzter Mittel müsse nun einmal den friedlichen, unschuldigen Uncompahgre der Vorzug bei der Versorgung gewährt werden.[18] Der örtliche Mangel an Lebensmitteln war allerdings seit Monaten bekannt – und in seiner Korrespondenz mit General Edward Hatch hatte Schurz diesen Mangel keineswegs als zu behebende Notlage angesehen, sondern als willkommene Möglichkeit, mit Hunger Zustimmung zu seinen Bedingungen zu erzwingen.[19]

Nach monatelanger Bearbeitung in Washington stimmten Anfang März schließlich genügend Ute-Anführer einer Abtretungsvereinbarung zu, um diese plausibel erscheinen zu lassen. „Zum ersten Mal in der Geschichte der Indianerverwaltung", schrieb Schurz triumphierend in seinen Jahresbericht 1880, „sah sie die formelle Beendigung der stammesmäßigen Existenz einer indianischen Nation vor und ihre individuelle Ansiedlung als Bauern wie andere Einwohner des Lan-

---

16 „Mr. Schurz and the Utes", *Washington Post*, 26. Januar 1880.
17 Helen H. Jackson, „Letter to the Editor", *New York Tribune*, 5. Februar 1880.
18 Schurz' direkte Rede laut dem Artikel „The Hostile Utes", *Ashland Times*, 12. Februar 1880. Siehe auch „The White River Utes", *New York Tribune*, 6. Februar 1880.
19 Siehe Edward Hatch an Carl Schurz, 26. Dezember 1879; Carl Schurz an Edward Hatch, 28. Dezember 1879; Edward Hatch an Carl Schurz, 29. Dezember 1879 in S. Exec. Doc. 31, 46th Cong., 2nd sess., 7. Januar 1880, 37–38.

des unter den normalen Gesetzen".²⁰ Die Vereinbarung sollte somit Schurz' Reformpläne für *sämtliche* indigenen Gemeinwesen vorwegnehmen. Die White River und die Uncompahgre Utes sollten künftig mit individuellen Parzellen innerhalb der Uintah-Reservation und der benachbarten neu geschaffenen Uncompahgre-Reservation im östlichsten Teil Utahs vorliebnehmen. Einzig die Southern Utes sollten noch Parzellen im südwestlichsten Colorado bekommen.²¹ Infolge von Kampfhandlungen und Umsiedelung – und vermutlich auch des Entzugs von Essensrationen – kamen zahlreiche White River Utes zu Tode. 1879 zählte ein Indianeragent 900 Angehörige; die erste Zählung in der Uintah Reservation ergab Ende 1882 noch 541 Überlebende, was einem Rückgang von knapp vierzig Prozent entspricht. Ebenfalls hart traf es die Uncompahgre und Southern Utes, die Schurz nicht absichtlich Hunger aussetzte, aber ebenfalls zur Umsiedelung zwang. Von den 2.000 Uncompahgre und 1.307 Southern Utes, die 1879 noch gezählt wurden, lebten drei Jahre später noch 1.400 Uncompahgre in Utah (eine Reduktion um dreißig Prozent) und 925 Southern Utes (eine Reduktion um knapp dreißig Prozent) im südwestlichen Colorado.²²

Trotz militärischer Vernichtungsdrohungen und des gezielten Entzugs von Subsistenzmitteln galt manchem weißen US-Bürger Schurz' Ansatz als zögerlich und zu nachgiebig gegenüber den Utes.²³ Es gab reelle Konfliktpunkte: Nachdem ein Mob den Zug der Verhandlungsdelegation der Utes auf dem Weg nach Washington mit Steinen beworfen hatte, schickte Schurz zu ihrem Schutz Polizisten zum Washingtoner Bahnhof.²⁴ Wichtig war ihm eine geordnete, gesetzlich begründete Indianerpolitik und die Wahrung des politischen Primats gewählter Regierungsvertreter. Die ihm unterstellte Rücksichtnahme auf die Lebensinteressen von Indigenen verband sich damit jedoch nicht.²⁵

---

20 U. S. Secretary of the Interior, *Annual Report of the Secretary of the Interior*, 1. November 1880, 20.
21 Decker, *The Utes Must Go!*, 163–64; Silbernagel, *Troubled Trails*, 156–59.
22 Diese genauen Zahlen sind nicht nur aufgrund der offensichtlichen Rundungen mit etwas Vorsicht zu genießen. Infolge der militärischen Auseinandersetzungen mag sich mancher 1879 noch Gezählte späteren Zählungen entzogen haben. Zudem waren die Gruppen verwandtschaftlich verbunden, was eine gewisse Mobilität zwischen den Gruppen nahelegt. Siehe Commissioner of Indian Affairs, *Annual Report*, 1879, 230; ders., *Annual Report*, 1882, 330, 340–341.
23 Siehe Decker, *The Utes Must Go!*, 158–62; Silbernagel, *Troubled Trails*, 152–55.
24 Siehe „Ouray and His Chiefs", *Washington Post*, 12. Januar 1880; Silbernagel, *Troubled Trails*, 144.
25 Bis in die jüngste Zeit behaupten biografische Darstellungen diese Rücksichtnahme. Trefousse feiert die Umsiedelung der Utes als „a prime example of Schurz's achievement", die eine „infinitely worse" Alternative verhindert habe. Hochbruck und Erdogan loben Schurz dafür, „einen blutigen Konflikt" vermieden zu haben, „allerdings um den Preis" der Umsiedelung der Utes. Dass auch Schurz als Verhandlungstaktik auf militärische Vernichtungsdrohungen und den Entzug

6 Werben für die Zwangsassimilation

Am 15. November 1879, genau eine Woche nachdem er Weisung gegeben hatte, den White River Utes die Lebensmittelrationen zu verweigern, stellte Schurz im Jahresbericht des Innenministeriums ein umfassendes Programm für Zwangsassimilation vor: Die indigenen Nationen sollten aufhören, „ein störendes Element in der amerikanischen Gesellschaft" zu sein, indem sie als gesonderte Gemeinwesen aufgelöst würden. Die „Lebensgewohnheiten der Wilden" seien abzuschaffen, indem die Indigenen zu Farmern gemacht werden. Eine „möglichst große Zahl indianischer Jugendlicher" sei zudem den „Einflüssen ihrer mehr oder weniger wilden Umgebung" zu entziehen, indem sie in speziellen Internaten in die Zivilisation eingeführt würden. Ferner seien Indigene zu individualisieren, indem jedem Indigenen (zunächst unverkäufliche) private Landparzellen in den Reservationen zugeteilt werden sollten. Dies flöße einen „Stolz des Besitzes individuellen Eigentums" ein, der geeignet sei, die „Abhängigkeit vom Stamm" aufzulösen. Das nach der Zuteilung von individuellen Parzellen übrig gebliebene Reservationsland solle an weiße Siedler verkauft werden. Die Erlöse aus diesen Verkäufen könne die US-Regierung treuhänderisch zum Vorteil der Indigenen verwalten, was die Regierung gleichzeitig von der Notwendigkeit weiterer Ausgaben für die Indianerangelegenheiten entbinde. Erst nachdem die indigenen Gemeinwesen in individuelle Farmhaushalte aufgelöst, die Kinder umerzogen und das nicht verteilte Reservationsland verkauft sei, sollte Indigenen gleiche Rechte unter US-Gesetzen eingeräumt werden.[1]

Die Einrichtung von Internatsschulen hatte Schurz schon praktisch vorangetrieben. Bereits in seinem ersten Jahresbericht von Ende 1877 hatte er die Einrichtung spezieller Internate zur Umerziehung und Ausbildung indigener Kinder fernab ihrer verwandtschaftlichen Beziehungen und heimischen Kultur gefordert.[2] 1878 nahm das für die Ausbildung von Afroamerikanern bestimmte Hampton Institute in Virginia erste indigene Schüler auf, gefolgt von der Carlisle Indian Industrial School in Pennsylvania und der Forest Grove Indian Industrial Training School in Oregon, die 1879 und 1880 unter der Ägide des Büros für Indianerangele-

---

von Lebensmitteln zurückgriff und dass gruppenabhängig etwa dreißig bis vierzig Prozent der Colorado Utes Schurz' angeblich rücksichtsvollere Lösung nicht überlebten, kommt in diesen Darstellungen nicht vor. Trefousse, „Carl Schurz and the Indians", 117; Hochbruck und Erdogan, *Carl Schurz*, 35.

1 U. S. Secretary of the Interior, *Annual Report of the Secretary of the Interior*, 15. November 1879, 5, 11, 24.
2 U. S. Secretary of the Interior, *Annual Report of the Secretary of the Interior*, 1. November 1877, xi–xii.

genheiten gegründet wurden.³ Wie die zur gleichen Zeit erpresste Umsiedelungsvereinbarung mit den Utes waren diese Internate in Schurz' Verständnis nur ein Vorgriff und die Demonstration der Machbarkeit eines weit umfassenderen Assimilationsprogramms, das er bewarb. Dafür benötigte er vonseiten des Kongresses Budgetbewilligungen und Gesetze, die geltende Verträge über den dauerhaften Bestand von Reservationen annullieren würden. Das zentrale Gesetz, das die Parzellierung der verbliebenen Reservationen zur Norm erhob, wurde erst 1887 mit dem General Allotment Act verabschiedet. Der Aufbau eines Systems spezieller Internate fiel ebenfalls erst in die folgenden Jahrzehnte.⁴

In zahlreichen Beiträgen während seines verbleibenden Jahres als Innenminister und in den Jahren unmittelbar danach bewarb Schurz sein Programm der Zwangsassimilation als eine „Lösung des Indianerproblems, die Unrecht gegenüber den Indianern vermeidet und die Entwicklung des Landes nicht behindert".⁵ Die Entwicklung der westlichen USA war für ihn gleichbedeutend mit der Expansion der weißen Gesellschaft, die er zum Schicksal erklärte. Niemand könne ernsthaft glauben, „dass in fünfundzwanzig Jahren Millionen Acres wertvollen Bodens in irgendeinem Teil des Landes noch immer als indianische Jagdgebiete abgesondert sein werden".⁶ Ähnlich seiner Position zu den Südstaateneliten und der Reconstruction erklärte er es für unmöglich, dass sich die Regierung gegen die Beherrschungsinteressen ihrer weißen Staatsbürger stellen könne. US-Bürger würden dies niemals akzeptieren, und bei den zu erwartenden Kollisionen zwischen weißen Siedlern und Indigenen stünde die US-Regierung an der Seite ihrer weißen Bürger. „Kluge und humane Staatskunst" erlaube es nicht, „dass wir die Augen vor bestehenden Tatsachen verschließen". Deshalb müsse die Übernahme hingenommen, aber auf eine Art gestaltet werden, die „am gerechtesten und am besten für die Indianer" sei. Statt in Kriegen zu immer weiteren Landabtretungen gezwungen zu werden, könnten indigene Gemeinwesen eine „gerechte Entschädigung" für ihre Ländereien bekommen und so umgeformt werden, „dass sie der Entwicklung des Landes nicht mehr als Hindernis im Wege stehen, sondern Teil davon sind und davon profitieren".⁷

---

3 Zu Schurz' Anteil an der Gründung von der Carlisle School siehe Richard Henry Pratt, *Battlefield and Classroom: Four Decades with the American Indian, 1867–1904* (New Haven, CT: Yale University Press, 1964), 215–19.
4 Siehe die Zeittafel im Anhang und Washburn, *The Assault on Indian Tribalism*.
5 U. S. Secretary of the Interior, *Annual Report of the Secretary of the Interior*, 15. November 1879, 5.
6 Ein Acre entspricht ca. 0,4 Hektar Land. Schurz, „Present Aspects of the Indian Problem", 146.
7 Ebd., 123.

Bereits zu der Zeit, als Schurz sein Konzept bewarb, aber erst wenige Internate eröffnet und wenige Reservationen per „Allotment" parzelliert und ausverkauft waren, wurde deutlich, dass Schurz zwar auf die reale Brutalität vorheriger Praktiken der Indianerverwaltung Bezug nahm, seine davon abgegrenzte neue Konzeption jedoch stark idealisierte. Dass militärische Gewalt bei der erzwungenen Parzellierung (im Gegensatz zu früheren Methoden der Landnahme) keine Rolle mehr spielen würde, war eine gewagte These. Die von Schurz als erstes Beispiel bemühte Abtretungsvereinbarung der Colorado Utes kam ja nur zustande unter Androhung extremer Gewalt, dem erpresserischen Entzug von Lebensmitteln und ging einher mit drastischen Verlusten von Menschenleben.[8] Die Internate bewarb er als großartige Bildungsmöglichkeit für Indigene: „Das wilde Aussehen der Indianerjungen und -mädchen weicht schnell einem gepflegten Erscheinungsbild. Eine neue Intelligenz, die ihre Gesichter erhellt, verwandelt ihren Ausdruck."[9] Über die gründliche Verachtung für indigene Kulturen hinaus ließen seine Ausführungen erkennen, dass beabsichtigt war, die Indigenen gezielt in die unteren Ränge der US-Gesellschaft einzugliedern: „Wir können aus einem Indianer nie etwas anderes machen als einen [auf Reservationen eingesetzten] Polizisten oder einen zweitklassigen Farmer. Durch das System, das wir so erfolgreich auf den Weg gebracht haben, können wir getrost darauf hoffen, die Indianer so lange zu absorbieren, bis sie in der großen weißen Familie völlig verschwunden sind."[10] Dass das totale Umerziehungsprogramm der Internate sich auch körperlicher Gewalt bedienen würde, war kein Geheimnis. Bereits in seinem ersten Jahresbericht von 1880 berichtete der Leiter der Carlisle School, Richard H. Pratt, davon, ein System der Durchführung von Prügelstrafen durch ältere Internatsinsassen eingerichtet zu haben.[11]

Obgleich indigene Anführer das Wohlwollen des Innenministers kultivieren mussten und seiner Machtfülle auch mit manchem Gastgeschenk und mancher diplomatischen Geste Rechnung zollten, fielen indigene Antworten zu den Reformplänen eindeutig ablehnend aus.[12] Von Mitte August bis Anfang Oktober 1879 hatte Schurz mit einer Reisegruppe Reservationen in Nebraska, Dakota Territory, Wyoming, Colorado sowie im Indian Territory, dem heutigen Oklahoma, besucht und

---

8 Siehe oben und ebd., 142–143.
9 Ebd., 133.
10 Carl Schurz, „Secretary Schurz on the Indian Question", *Frank Leslie's Illustrated Newspaper*, 1. November 1879.
11 Abgedruckt in Commissioner of Indian Affairs, *Annual Report*, 1880, 180.
12 Siehe z. B. „Red Cloud and his People", *New York Times*, 22. September 1879. Laut der Biografie des Journalisten Walter Keßler soll Schurz einen ganzen Raum in seiner Wohnung mit Gastgeschenken gefüllt haben – von einer Rehlederjacke bis zu Pelzmokassins. Siehe Keßler, *Carl Schurz*, 101.

bei dieser Gelegenheit seine Ideen indigenen Zuhörern präsentiert.[13] Im Rahmen einer großen Lakota-Versammlung an der Rosebud-Agentur in der Great Sioux Reservation, an der Schurz und seine Mitreisenden am 29. August teilnahmen, gab der vielfach als Befürworter von Akkulturation gesehene Brulé-Lakota-Anführer Spotted Tail zu erkennen, dass trotz der Übernahme privatwirtschaftlicher Modelle keineswegs an den Ausverkauf der Reservation zu denken sei:

> „Sein Volk wollte auf dem Land bleiben, das sich jetzt in seinem Besitz befand, und wollte, dass die Weißen davon abgehalten wurden, in das Land einzudringen. Wenn sie sich auf ihren Farmen niederließen, würden die Indianer schnell an Zahl zunehmen und das gesamte Land benötigen, das ihnen zur Verfügung gestellt wurde."[14]

Neue Wirtschaftsmodelle und eine breite Aneignung der englischen Sprache schienen Spotted Tail durchaus sinnvoll, allerdings als Mittel der Stärkung des existierenden Lakota-Verbandes und nicht um diesen abzuschaffen und Ländereien für Weiße verfügbar zu machen. Neben der erkennbar prinzipiellen Ablehnung von Schurz' Reformzielen wies Spotted Tail zudem auf ein Problem hin, das die Allotment-Praxis der späteren Jahrzehnte kennzeichnen würde. Das Konzept ging nämlich davon aus, dass die indigene Bevölkerung weiter abnehmen würde. Nach 1910 nahm die Bevölkerung hingegen stetig zu – wodurch die privatisierten Landparzellen durch Erbteilung in immer kleinere Anteile zerfielen und immer schwieriger zu verwerten wurden.[15]

---

13 Neben Schurz' Privatsekretär Edwin P. Hanna umfasste die Reisegruppe den Washington-Korrespondenten der *New York Times* John Miller Carson, den Präsidentensohn Webb C. Hayes, den Legationssekretär der deutschen Botschaft in Washington August von Dönhoff (später Vater der *Zeit*-Herausgeberin Marion Gräfin Dönhoff), sowie den schweizamerikanischen Buchautoren und Zigarrenfabrikanten Henri Gaullieur.
14 So das Referat des *New York Times*-Korrespondenten John Miller Carson. Diese Passage der Rede ist abweichend in verschiedenen Presseberichten wiedergegeben. Die *Pioneer Press* in Minneapolis gab die entsprechende Stelle so wieder: „Ich habe den Weißen kein weiteres Land abzutreten, und ich will wissen, wo mein Land ist; wir wollen Schutz vor den bösen Weißen, die unser Vieh stehlen, und Sie sind der Einzige auf der ganzen Welt, der uns schützen kann und bei dem wir Schutz suchen und der das uns widerfahrene Unrecht korrigieren kann." Ähnlich lautete die Version des *Cincinnati Enquirer*: „Dieses Land gehört nur mir. Wir werden den Weißen nichts mehr davon überlassen. Sie haben uns unser Land weggenommen. Ich will, dass diese Sache gestoppt wird. Die Weißen kommen zu nahe an uns heran; unser Land reicht bis zum Niobrara River. Ich möchte, dass der Große Vater [die US-Regierung] uns dieses Land für uns allein überlässt." Siehe „Secretary Schurz at Spotted Tail Agency", *New York Times*, 15. September 1879; „Secretary Schurz", *Saint Paul and Minneapolis Pioneer Press*, 7. September 1879; „Schurz and Spot", *Cincinnati Enquirer*, 10. September 1879.
15 Siehe Peter Nabokov und Vine Deloria, Hrsg., *Native American Testimony: A Chronicle of Indian-White Relations from Prophecy to the Present, 1492–2000* (New York: Penguin, 1999), 262–63;

Abb. 6: Spotted Tail (1823–1881) der Brulé-Lakotas während seines Besuchs der Carlisle Indian Industrial School im Juni 1880 mit dem Schulleiter Richard H. Pratt (sitzend) und den Quäker-Vertreterinnen Rebecca T. Haines (stehend links), Susan Longstreth (stehend in der Mitte) und Mary Anna Longstreth (stehend hinten rechts). (Quelle: National Portrait Gallery, Washington, D. C.)

Spotted Tail war anfangs damit einverstanden, dass Kinder in der Carlisle Indian Industrial School ausgebildet werden – aber unter bestimmten Bedingungen. Im September 1879 wurden einige Brulé-Lakota dort eingeschult. Bereits im Juni 1880 zog Spotted Tail seine Kinder aus der Schule zurück, nachdem er die Einrichtung besucht hatte. Obwohl er Schulbildung an sich für erstrebenswert hielt, empfand

---

Kristin T. Ruppel, *Unearthing Indian Land: Living with the Legacies of Allotment* (Tucson, AZ: University of Arizona Press, 2008), 33–35.

er das System der Carlisle School, das auf Drill und Bestrafung basierte, als zu streng. Aus seiner Sicht war es zu sehr darauf ausgerichtet, die Schüler einer neuen weißen Autorität zu unterwerfen.[16] Nach mehreren Todesfällen unter den Schülern in der Carlisle School forderte Spotted Tail im Mai 1881 zusammen mit anderen Lakota-Anführern die Gründung einer Schule in der Reservation.[17] Schurz formulierte keine direkten Entgegnungen auf Spotted Tail, erklärte aber später herablassend, dieser habe „gewiss Scharfsinnigkeit in der Verwaltung [seiner] eigenen Angelegenheiten nach [...] indianischen Vorstellungen", doch sei sein „Verständnis der Dinge außerhalb dieses Kreises [...] äußerst unsicher".[18]

Ähnlichen Gegenwind wie an der Rosebud-Agentur erfuhr Schurz Anfang Oktober 1879 bei der Eröffnung einer Landwirtschaftsmesse in Muskogee, Indian Territory, vonseiten der Anführer der sogenannten „Five Civilized Tribes". Die Cherokees, Choctaws, Chickasaws, Muskogees (Creeks) und Seminolen hatten seit Jahrzehnten wirtschaftliche und kulturelle Modelle der weißen Gesellschaft übernommen und galten weithin als die reichsten indigenen Gemeinwesen auf dem Gebiet der USA. In einer Rede warb Schurz für die Aufteilung der Reservationen in Privatparzellen und deren Öffnung für Weiße mit dem Hinweis darauf, dass die Regierung nicht dauerhaft imstande sei, dem Drängen von weißen Siedlern etwas entgegenzusetzen.[19] Die Anführer „erwiderten, dass eine Regierung, die in der Lage sei, einen Aufstand von 8.000.000 ihrer Bürger niederzuschlagen, sicherlich stark genug sei, um eine unrechtmäßige Invasion in das Indian Territory zu verhindern".[20] Dass die US-Regierung zwar den Separatismus der Südstaatler niederringen konnte, dann aber die Segel streichen müsse vor einigen privaten Abenteurern, die ins Indian Territory eindrangen, schien schlicht nicht plausibel. Als Aussage über den politischen Willen erschien Schurz' Stellungnahme den Indigenen allerdings als fatal. Infolge des Auftritts und der kurz darauf der Öffentlichkeit präsentierten Zwangsassimilationskonzeptionen entfaltete sich im Indian Territory eine Welle der Entrüstung. Das Muskogee *Indian Journal* wusste von „Empörung [disgust] über den Vortrag von Minister Schurz" zu berichten und warnte in einem Leitartikel, die Umwandlung der Ländereien in besteuerbares Privateigen-

---

16 Siehe Ostler, *The Plains Sioux and U. S. Colonialism from Lewis and Clark to Wounded Knee*, 149–156.
17 „Sioux Chiefs Protest Deaths of their Children and Ask for Local School", 23. Mai 1881, in *Carlisle Indian School Digital Resource Center*, https://carlisleindian.dickinson.edu.
18 Schurz, „Present Aspects of the Indian Problem", 140.
19 „Speech of the Secretary of the Interior", *Cherokee Advocate*, 8. Oktober 1879.
20 „Indian Territory Tribes. Secretary Schurz's Visit to Them", *New York Times*, 13. Oktober 1879, 3.

tum werde zweifellos zum Verlust zahlreicher zugeteilter Farmen führen.²¹ Der Cherokee Council sprach sich in einer Resolution gegen „jede Änderung der Bestimmungen unserer Landtitel" aus und warnte: „eine Verletzung unserer Verträge kann nur zu Unheil und Ruin für unser Volk führen, ohne einen entsprechenden Nutzen für die weiße Rasse".²² Wohl um den entschiedenen Widerstand der Nationen im Indian Territory zu vermeiden, wurden sie in den meisten Versionen des Allotment-Gesetzentwurfes ausgespart.²³ Gleichzeitig betonte Schurz, dass die Parzellierungspläne selbstverständlich auch für das Indian Territory galten.²⁴ Im April 1881 schrieb Dennis W. Bushyhead, Principal Chief der Cherokees, in einem Artikel für die New Yorker Reformerzeitung *The Independent*:

> „Es gibt diejenigen, die es gut mit uns meinen, die sich von der Doktrin des individuellen Landbesitzes mitreißen lassen. Ich möchte diesen Menschen sagen, dass es nicht der beste Weg ist, die Indianer zu zivilisieren, wenn sie unser Land als Eigentum betrachten, das sofort oder in Zukunft verkauft werden kann. In der Cherokee Nation werden die individuellen Eigentumsrechte voll respektiert. Ein Cherokee hat Anspruch auf das gesamte Land, das er bewirtschaften kann, und auf die ausschließliche Nutzung von Land, das eine Viertelmeile außerhalb seines Zauns liegt. Diese Rechte gehen auf die Kinder und Erben über oder können verkauft werden und werden auch ständig verkauft; das Recht liegt jedoch in der Nutzung begründet. Das Eigentum an den Verbesserungen und dem Land ist selbst keine Sache, auf die man spekulieren kann, ob es nun bebaut wird oder nicht. Wird das Land zwei Jahre lang nicht genutzt, geht es in den Besitz der öffentlichen Hand über, und jeder Cherokee kann die unbewohnten Flächen in Besitz nehmen. Dieses Land ist wie die Luft und das Wasser, das Erbe des Volkes. Wäre es anders, würde unser Land bald in die Hände einiger weniger übergehen, und unser armes Volk würde in wenigen Jahren so werden wie Ihr armes Volk, von dem die meisten, wenn sie morgen sterben würden, keinen Fuß der Erdoberfläche besitzen, in dem sie begraben werden könnten. Wenn dies die Phase Ihrer Zivilisation ist, zu der Sie uns gegenwärtig so aufgeregt einladen, dürfen Sie sich nicht wundern, wenn wir innehalten, um die gegenwärtigen Tendenzen und die wahrscheinliche Zukunft dieses furchtbar antirepublikanischen Systems zu studieren. Unser Volk ist von alters her gelehrt worden zu glauben, dass die Oberfläche der Erde, abgesehen von ihrer Nutzung, kein Eigentum ist. Wir sind weder Sozialisten noch Kommunisten, aber wir haben ein Grundbesitzsystem, von dem wir glauben, dass es besser ist als jedes, das Sie sich für uns ausdenken können. Die Rechte des Einzelnen werden voll respektiert, aber die Rechte des ganzen Volkes werden nicht zerstört. Können Sie uns nicht in Ruhe lassen, um unseren Plan auszuprobieren, während Sie den Ihren versuchen?"²⁵

---

21 „Secretary Schurz's Title in Severalty", *Indian Journal*, 9. Oktober 1879; [Leitartikel,] *Indian Journal*, 17. Juni 1880.
22 „Pledges of the General Council", *Indian Journal*, 27. November 1879.
23 Siehe „The Indian Problem", *New York Tribune*, 12. Februar 1880.
24 U. S. Secretary of the Interior, *Annual Report of the Secretary of the Interior*, 15. November 1879, 15–16.
25 D. W. Bushyhead, „A Defense of the Cherokee Indians", *Independent*, 7. April 1881, 5.

Abb. 7: Dennis W. Bushyhead (1826–1898), Principal Chief der Cherokee Nation von 1879 bis 1887. (Quelle: Oklahoma Historical Society, Oklahoma City.)

Schurz, gerade aus dem Ministeramt verabschiedet, ärgerte, dass dieser Widerspruch aus indigener Perspektive „in der Presse die Runde macht. [...] Aus diesem Ausspruch wird der Schluss gezogen, dass die Indianer im Allgemeinen von der Ansiedlung auf Farmlots als individuelle Eigenthümer nichts wissen wollen." Bushyheads Bedenken rührten einzig daher, dass mit der beabsichtigten „Auflösung des Stammeswesens, des Staates im Staate" ehrgeizige Politiker wie Bushyhead ihre „Herrlichkeit einbüßen" würden. Zahlreiche Indigene befürworteten hingegen die „Einführung von Privateigentum in Land". Bushyheads Position habe „unzweifelhaft ihren geschichtlichen Werth; aber im Kampf des amerikanischen Lebens wird sie praktisch keine Chance haben".[26] So selbstsicher Schurz sich mit dieser Antwort auch gab, er entzog sich damit einer realen Debatte mit Bushyhead. Schurz' Entgegnung erschien nämlich nicht auf Englisch, sondern nur auf Deutsch.[27]

Immer wieder behauptete Schurz, vielfach Zuspruch von Indigenen für seine Assimilationspläne zu bekommen.[28] Als Berufungsinstanz waren diese – nie konkretisierten, aber angeblich zahlreichen – indigenen Stimmen Schurz so willkom-

---

26 Carl Schurz, „Indianer-Ländereien", *Westliche Post*, tägliche Ausgabe, 25. April 1881.
27 Ganz erfolgreich war die Flucht ins Deutsche nicht. Der *Cherokee Advocate* berichtete über Schurz' Entgegnung auf Basis eines Berichts in der *New York Times*. Siehe „Mr. Schurz and the Indian Question", *Cherokee Advocate*, 18. Mai 1881.
28 Siehe z. B. U. S. Secretary of the Interior, *Annual Report*, 15. November 1879, 12; *Annual Report*, 1. November 1880, 5; Schurz, „Present Aspects of the Indian Problem", 139–140; Schurz, „Indianer-Ländereien".

men wie vormals jene Afroamerikaner, die seiner Behauptung nach dafür verprügelt worden waren, dass sie ein Ende der Reconstruction befürworteten. Wohlbegründete Einwände aus indigener Perspektive tat er hingegen arrogant ab und stellte sich keiner Diskussion. Zudem erklärte er, dass das Assimilationsprogramm selbstverständlich nicht von der Zustimmung Indigener abhängig gemacht werden könne. „Wir müssen in hohem Maße die notwendigen Überlegungen für sie anstellen und sie dann auf möglichst humane Weise dazu bringen, unsere Schlussfolgerungen zu akzeptieren."[29] Um den Widerstand gegen Assimilationsmaßnahmen von Anführern wie Spotted Tail zu umgehen, müsse die US-Regierung fortan die Anerkennung neuer indigener politischer Führer ganz verweigern, forderte Schurz in der New Yorker *Evening Post*.[30]

Schurz' Assimilationskonzeption positionierte sich in einer laufenden Debatte der sogenannten „Indian Reformer" darüber, wie eine menschenfreundlichere Indianerpolitik aussehen könne. Das Spektrum der Reformer reichte von Befürwortern von Zwangsassimilationsmaßnahmen, die eine Eingliederung Indigener in die niederen Ränge der US-Gesellschaft vorsahen, bis zu Vertretern universalistischer Konzeptionen, für welche die Herstellung von Rechtsgleichheit und der Schutz bestehender indigener Gemeinwesen im Vordergrund standen. Übergreifend waren sich die Reformer nur darin einig, dass sie Abhilfe suchten gegen die verbreitete Gewalt an der Besiedlungsgrenze und vielfaches Elend in Reservationen.[31]

Mancher Reformer glaubte sich in grundlegender Übereinstimmung mit Schurz' Reformvorhaben, kritisierte aber deren Ausführung. So begrüßte die Reformerin Martha LeBaron Goddard aus Boston in einem Brief an Schurz vom Dezember 1879 die Idee, ein Schulwesen für Indigene einzurichten, argumentierte allerdings, „dass Industrieschulen im Osten eine schädliche Erfahrung für Indianer sein würden". Statt die Kinder von ihren Familien zu trennen und den harschen Bedingungen der Internate auszusetzen, gelte es, geeignete Lehranstalten in den Reservationen selbst aufzubauen. „Es scheint mir, dass die Indianerschulen unter den Indianern selbst sein sollten und dass von kompetenten Lehrern unterrichtet werden sollte, die es verstehen, ihren Unterricht den Bedürfnissen der Völker anzupassen. [...] Die Masse der Kinder muss meines Erachtens dort unterrichtet wer-

---

29 Schurz, „Present Aspects of the Indian Problem", 140.
30 [Carl Schurz,] „Indian Chiefs", *Evening Post*, New York, 16. August 1881.
31 Siehe C. Joseph Genetin-Pilawa, *Crooked Paths to Allotment: The Fight over Federal Indian Policy after the Civil War* (Chapel Hill, NC: University of North Carolina Press, 2012).

den, wo sie sind, und darf nicht von ihren Familien getrennt werden."[32] In ihrem Appell an Schurz ging Goddard davon aus, ein ähnliches Reformprojekt wie der Innenminister zu verfolgen. Doch sie hielt die brutale Realität der zwangsassimilatorischen Praxis in Internaten für nicht hinnehmbar.

Zahlreiche Kritiker aus dem Reformerlager nahmen Anstoß an Schurz' Ablehnung einer unmittelbaren rechtlichen Gleichstellung, die er erst nach einer faktischen Auslöschung indigener Sozialstrukturen befürwortete. Edward Atkinson aus Boston, dessen Briefwechsel mit Schurz nur teilweise in der Schurz-Werkausgabe abgedruckt ist, widersprach in einem Schreiben, das in dieser Ausgabe fehlt: „Ich glaube nicht an eine staatliche Vormundschaft und bin geneigt, die Frage der Staatsbürgerschaft zu stellen."[33] Eine ausführlichere und ähnlich gelagerte Kritik veröffentlichte der presbyterianische Pastor William Justin Harsha aus Omaha in einem Antwortartikel auf Schurz' viel zitierten Aufsatz „Present Aspects of the Indian Question" in der *North American Review* vom Juli 1881. Die Zeitschrift druckte diese Entgegnung im März des Folgejahres unter dem Titel „Law for the Indians".[34] Ebenso wie Atkinson teilte Harsha das Ziel der Assimilation, nur sei diese seiner Ansicht nach kaum zu erreichen, wenn die rechtliche Gleichstellung in die ferne Zukunft aufgeschoben werde. Schurz irre in seiner grundlegenden Diagnose, wenn er das immer weitere Vordringen weißer Siedler in indigene Territorien und die Übergriffe gegen deren Bewohner als Schicksal darstelle, das die Regierung allenfalls in geregeltere Bahnen weisen könne. Vielmehr sei diese Übergriffigkeit selbst ein Resultat des Fehlens staatlicher Gesetze, die den Indigenen Schutz gewähren könnten. „Das Fehlen von Gesetzen setzt eine Prämie auf die Beraubung des roten Mannes."[35] Gewaltsame Gegenwehr infolge von Übergriffen und Aufruhr im Falle von Vertragsverletzungen durch die Regierung seien auch als Resultat dessen zu verstehen, dass Indigenen keine Möglichkeit der rechtlichen Beschwerde offen stehe.[36] Wirtschaftliche Entwicklung werde zudem untergraben, weil Indigene sich nie der Resultate ihrer Arbeit sicher sein könnten; die permanente Unsicherheit ihres künftigen Landbesitzes mache aufwendige Verbesserungen unattraktiv: „Die Indianer werden durch den fehlenden Rechtsschutz von je-

---

32 Goddard war mit dem Chefredakteur des *Boston Daily Advertiser* Delano A. Goddard verheiratet und eine bekannte Aktivistin. Martha Lebaron Goddard an Carl Schurz, 19. Dezember 1879, Carl Schurz Papers, MSS39156, Spule 27, Library of Congress, Washington, D. C.
33 Edward Atkinson an Carl Schurz, 29. November 1879, Carl Schurz Papers, MSS39156, Spule 27, Library of Congress, Washington, D. C. Siehe auch Carl Schurz an Edward Atkinson, 28. November 1879, in *Speeches, Correspondence and Political Papers of Carl Schurz*, Bd. 3, 481–89.
34 William Justin Harsha, „Law for the Indians", *North American Review* 134, Nr. 304 (März 1882): 272–92.
35 Ebd., 274.
36 Ebd., 275–77.

dem Versuch, sich selbstständig zu helfen, abgehalten."[37] Die fortgesetzte rechtliche Unsicherheit werde auch die eigentlich gut gemeinte Aufteilung der Reservationen in private Grundstücke untergraben, denn ohne effektiven Rechtsschutz werde sich die Marginalisierung in neuer Form fortsetzen: „Welchen Nutzen hätte es, die Indianer mit individuellen Eigentumstiteln auszustatten, wenn ihre Stellung vor dem Gesetz unverändert bliebe? [Die Individuen] Big Snake oder Two Crow könnten ebenso leicht von einer 160-Acres-Parzelle vertrieben werden wie der Stamm von einer Reservation."[38] Schurz entgegnete Harsha in einem Leitartikel der New Yorker *Evening Post*, dessen Kritik sei „ein Beispiel für den absoluten Mangel an Wissen und die bemerkenswerte Plumpheit der Vorstellungen über den wirklichen Zustand der Dinge in den Indianergebieten".[39] Eine substanzielle Auseinandersetzung mit den von Harsha angesprochenen Problematiken nahm er nicht vor.

Abb. 8: Helen Hunt Jackson (1830–1885), Schriftstellerin und Reformerin im Jahr 1884. (Quelle: National Portrait Gallery, Washington, D. C.)

---

37 Ebd., 287.
38 Ebd., 291. 160 Acres waren die Standardfläche einer Landzuteilung und entsprechen 64,74 Hektar.
39 [Carl Schurz,] „Education for the Indians", *Evening Post*, New York, 22. März 1882.

Die Reformerin Helen H. Jackson in Colorado Springs formulierte eine deutlich radikalere Kritik. Sie ging davon aus, dass Schurz' Konzeption keineswegs bloß Fehler enthalte, aber prinzipiell ein ehrenwertes Ziel verfolge. Jackson analysierte das vorgeschlagene Allotment-Gesetz als einen neuartigen Großangriff auf indigene Ländereien:

> „Können amerikanische Juristen erklären, wo und wie dieses Gesetz eine einzige rechtliche Beschränkung aufhebt, unter der die Indianer jetzt leiden? Und werden die Amerikaner es sorgfältig lesen und prüfen, ob sie glauben, dass dieses Gesetz zum Nutzen der Indianer oder zum Zweck der Erschließung von Millionen Acres Land für weiße Siedler ausgearbeitet wurde?"[40]

Der Allotment-Gesetzentwurf sah vor, dass jeder heranwachsende und erwachsene Indigene eine Parzelle bisheriger Reservationsländereien als Privateigentum bekommen sollte. Der allergrößte Anteil einer Reservation wie der ehemaligen der Utes im westlichen Colorado sollte daraufhin zum Verkauf angeboten werden. Jackson rechnete vor, dass von ursprünglich 11.724.800 Acres (4.744.858,21 Hektar) den Utes dann nur Privatparzellen von insgesamt 640.000 Acres (258.998,81 Hektar) blieben. Angeblich von der Regierung treuhänderisch verwaltete Verkaufserlöse würden zudem völlig nach Gutdünken der Regierung verwendet:

> „Der gesamte Rest seines Besitzes ist für ihn ‚investiert' und wird ihm ausgezahlt, wann und wie es der Regierung der Vereinigten Staaten gefällt. Niemals, solange er lebt, egal wie fleißig er sein mag, egal wie zivilisiert er werden mag, können er oder seine Kinder oder die Kinder seiner Kinder auch nur einen Cent des Kapitals anrühren, das so für ihn angelegt wurde. Hier ist das Verhältnis von ‚Mündel' und ‚Vormund' verewigt."[41]

John Beeson aus Ashland in Oregon, der zum Urgestein der Indian Reformer gehörte und sich seit den 1850er-Jahren für eine bessere Behandlung der Indigenen politisch betätigte, sah Schurz' Zwangsassimilationsprogramm ebenfalls äußerst kritisch.[42] Zu sehr sei die Konzeption von der Annahme der Überlegenheit der eigenen Kultur geprägt, statt von einem Willen, eine freie Entwicklungsbahn für alle zu schaffen:

> „Der Pastor einer christlichen Kirche schrieb in einem Brief, dass die Stimmung im Westen auf die Ausrottung der Indianer abzielt. Und dieselbe mörderische Gesinnung kommt in einer öffentlichen Rede von Ex-Minister Schurz in New York zum Ausdruck, der sagte: ‚Ich bin

---

40 Helen H. Jackson, „The Indian Problem. How Secretary Schurz Would Solve it", *New York Tribune*, 12. Februar 1880.
41 Ebd.
42 Zu Beeson siehe Jan Wright, *Oregon Outcast: John Beeson's Struggle for Justice for the Indians, 1853–1889* (lulu.com, 2018).

ein herzlicher Freund der Indianer; unser Ziel ist es, sie in den Körper der Nation aufzunehmen; denn sie haben keine andere Wahl als Zivilisation oder Ausrottung.' Dies erscheint den Indianern wie die Einladung der Spinne: ‚Komm in meine Stube, du hübsche kleine Fliege, denn ich liebe dich und werde dich wie mein eigenes Kind behandeln.' Es bedeutet, dass die Indianer alles, was ihnen von ihren Vorfahren heilig und teuer ist, für die Glaubenssätze und Gebräuche derer aufgeben müssen, die sie seit Generationen entwürdigt und zerstört haben. Es ist viel besser für beide Rassen, sich Zeit und Kultur zu nehmen, bis das Beste von beiden harmonisch in einer großen kombinierten Nation verschmelzen kann."[43]

Schurz nahm zu keiner der Kritiken, die seine Reformbemühungen aus universalistischer Perspektive angingen, detailliert Stellung. Er grenzte allerdings gerne seine Konzeptionen gegen die angeblich realitätsferner Menschenfreunde ab, denen jeglicher Sinn für das Erreichbare fehle – und auf der anderen Seite von denen der Befürworter einer gewaltsamen Lösung der „Indianer-Frage".[44] Seine eigene Konzeption erhielt in dieser Darstellung den Anschein des goldenen Mittelweges, der die beiden Extreme vermied. Manchem Biografen gefällt dieses Bild bis in die heutige Zeit.[45] Die Geschichte der Allotment-Ära der 1890er- bis frühen 1930er-Jahre war jedoch zentral von den Problemen geprägt, auf die Schurz' Kritiker hingewiesen hatten: Landraub, bleibende Rechtsunsicherheit, brutale Umerziehungspraktiken, intransparente Verwendungen von treuhänderisch durch die US-Regierung verwalteten Geldmitteln und schier grenzenlose kulturelle Überheblichkeit.[46] Wenn noch heute manche Darstellungen eine gute Absicht von der offensichtlich schlechten Praxis der Assimilationspolitik späterer Jahrzehnte unterscheiden wollen, übergehen sie, dass die notwendigen Folgen vielen indigenen und weißen Kri-

---

[43] John Beeson, „Shall the Indians be Exterminated?", *Daily Inter Ocean*, 25. Mai 1881. Beesons Formulierung mag vereinnahmend klingen; er traf aber zweifellos die Einschätzung mancher Indigener. Die Herausgeber des Muskogee *Indian Journal* druckten den Artikel nach auf der Titelseite ihrer Zeitung. Siehe „Shall the Indians be Exterminated", *Indian Journal*, 2. Juni 1881.
[44] [Carl Schurz,] „Education for the Indians", *Evening Post*, New York, 22. März 1882; Schurz, „Present Aspects of the Indian Problem", 146.
[45] Siehe Lubrecht Sr., *Carl Schurz, German-American Statesman*, 140; Geiger, *Der deutsche Amerikaner*, 293.
[46] Siehe z. B. Bryan Newland, *Federal Boarding School Initiative Investigative Report* (Washington, DC: U. S. Department of the Interior. Bureau of Indian Affairs, 2022), https://www.bia.gov/sites/default/files/dup/inline-files/bsi_investigative_report_may_2022_508.pdf; David Wallace Adams, *Education for Extinction: American Indians and the Boarding School Experience, 1875–1928*, 2. Aufl. (Lawrence, KS: University Press of Kansas, 2020); Vine Deloria und Clifford M. Lytle, *The Nations Within: The Past and Future of American Indian Sovereignty* (New York: Pantheon Books, 1984); David Grann, *Killers of the Flower Moon: The Osage Murders and the Birth of the FBI* (New York: Doubleday, 2017).

tikern durchaus klar waren, Schurz jedoch nichts davon hören wollte.[47] Getragen wurden seine Konzeptionen offensichtlich weniger von einem vielleicht fehlgeleiteten, aber universalistischen Wunsch zu helfen, als von jener Auffassung, die er 1882 anlässlich des Grenzkrieges zwischen Chile und Peru unverhohlen äußerte: Menschen „indianische[n] Blut[es]" bedürften womöglich zum „Nutzen [...] der Civilisation" der „Unterwerfung" durch eine „Bevölkerung von unvermischt europäischer Herkunft".[48]

Militärische Gewalt gab es auch im Zuge der neuen Assimilationspolitik. Obwohl darauf abgezielt wurde, die Landnahme in die Bahnen des Zivilrechts zu bringen, begleiteten militärische Übergriffe die Zerstörung indigener Sozialstrukturen auch in den 1890er-Jahren.[49] Die sogenannte Geistertanzbewegung, eine kulturelle Revitalisierungsbewegung mit antikolonialer Stoßrichtung unter den indigenen Nationen der Great Plains, beantwortete das US-Militär brachial; und dies keineswegs, weil sich Gegner der Assimilationspolitik durchgesetzt hätten. Die Truppen des siebten Kavallerieregiments der US-Armee, die am 29. Dezember 1890 mit dem Massaker an mehreren Hundert Lakota am Wounded Knee Creek auf der Pine Ridge Reservation in South Dakota traurige Bekanntheit erlangten, unterstanden General Nelson A. Miles. Er war bekannt als Befürworter der Assimilationspolitik, und in dieser Rolle war er bereits zusammen mit Schurz öffentlich aufgetreten.[50]

---

47 So räumt z. B. Geiger ein, das Allotment habe „den Bedürfnissen der Indianer nicht auf Dauer [!] genügen" können. Hochbruck und Erdogan verweisen auf „weitere Probleme", die das Allotment und das Schulsystem mit sich gebracht haben sollen. Geiger, *Der deutsche Amerikaner*, 294; Hochbruck und Erdogan, *Carl Schurz*, 35.
48 Carl Schurz, „Die auswärtige Politik", *Westliche Post*, wöchentliche Ausgabe, 8. März 1882. Ohne Auslassungen ist das Zitat im 2. Kapitel dieser Abhandlung abgedruckt.
49 Siehe Ostler, *The Plains Sioux and U. S. Colonialism from Lewis and Clark to Wounded Knee*, 289–360; William E. Matsen, „The Battle of Sugar Point: A Re-Examination", *Minnesota History* 50, Nr. 7 (1987): 269–75.
50 Nach dem Massaker distanzierte sich Miles von der Gewaltaktion, hatte aber vorher Befehl zum entschiedenen Vorgehen gegeben. Siehe David W. Grua, *Surviving Wounded Knee: The Lakotas and the Politics of Memory* (Oxford, UK: Oxford University Press, 2016), 25, 37; Robert Wooster, *Nelson A. Miles and the Twilight of the Frontier Army* (Lincoln, NE: University of Nebraska Press, 1996) 125–126; „A Plea for the Indians", *New York Times*, 16. März 1881.

Geschichte, Erinnerung und Verklärung

Carl Schurz hat zeit seines Lebens demokratische Volkssouveränität als die geeignetste Methode gesellschaftlicher Konsolidierung angesehen und die politische Praxis daran gemessen – sowohl in den USA als auch in Deutschland. Als Elder Statesman leistete er sich manchen Flirt mit den Führungsspitzen des Kaiserreichs, und er trat entschieden für eine außenpolitische Verständigung mit Deutschland ein.[1] Die politischen Einrichtungen des Deutschen Reiches hielt er indes für mangelhaft und argumentierte, die zu stark reduzierte demokratische Mitbestimmung könne auf Dauer zu einem politischen Stabilitätsproblem führen. „Zur Sicherheit gehört ein deutsches Volk, das mit seinen politischen Einrichtungen und Zuständen wenigstens einigermaßen zufrieden ist. Die absolutistische Politik ist daher, abgesehen von ihren anderen Eigenschaften, eine durchaus kurzsichtige und für die Zukunft des Deutschen Reiches gefährlich."[2] Ebenso wandte Schurz sich gegen manche Abwertung und gegen manchen rassistischen Exzess. Die sogenannte „Antisemiten-Petition" an Bismarck von 1880/81, welche die Verdrängung von Juden aus dem öffentlichen Leben forderte, trieb laut Schurz „jedem Deutschen, dem es um den guten Namen seines Vaterlandes zu thun war, die Schamesröthe auf die Wangen". Anti-jüdische Pogrome im russischen Zarenreich verurteilte er als „scheußliche Gewalttaten".[3] In den Diskussionen über chinesische Einwanderung in die USA mahnte er zur Besonnenheit: Abzulehnen sei das ausbeuterische Kuli-Kontraktsystem, unter dem Chinesen laut Schurz der US-Gesellschaft stets fremd blieben und dabei das allgemeine Lohnniveau unter Druck setzten. Chinesen die Einwanderung ganz zu verbieten, wie es der Chinese Exclusion Act von 1882 verfügte, sei aber falsch.[4]

Schurz verband seine demokratischen Konzeptionen seit den 1870er-Jahren zunehmend mit einer sich als Realismus gerierenden Norm weißer Vorherrschaft, die im Namen der Selbstbestimmung europäischstämmiger Amerikaner imperiale Herrschaftsformen über Afroamerikaner und Indigene für legitim erachtete. Als demokratische Regierung könne die US-Regierung schlechterdings die weißen Eli-

---

1 Siehe Trefousse, *Carl Schurz*, 165–6, 268, 294; Carl Schurz an Pomeroy Burton, 5. Februar 1903, ders. an unbekannt, 8. April 1906, in *Speeches, Correspondence and Political Papers of Carl Schurz*, Bd. 6, 301–2, 444–445.
2 Carl Schurz, „Die Ereignisse in Deutschland", *Westliche Post*, wöchentliche Ausgabe, 18. Januar 1882.
3 Carl Schurz, „Die Judenverfolgungen in Rußland", *Westliche Post*, wöchentliche Ausgabe, 15. Februar 1882; siehe auch Carl Schurz an Seth Low, 25. Mai 1903, in *Speeches, Correspondence and Political Papers of Carl Schurz*, Bd. 6, 303–305.
4 Siehe *Congressional Globe*, 41st Cong., 2nd sess., 4. Juli 1870, 5158–5159; Carl Schurz, „Die Chinesenfrage", *Westliche Post*, wöchentliche Ausgabe, 15. März 1882.

ten in den Südstaaten nicht daran hindern, mit Gewalt und List die ehemals Versklavten erneut in den Status einer weitgehend rechtlosen niederen Kaste zu drücken. Ebenso sei es unmöglich, übergriffige weiße Weststaatler daran zu hindern, immer neue indigene Ländereien in Besitz zu nehmen – die Regierung könne diese Übernahme allenfalls in geregelte Bahnen bringen.[5]

Schurz griff damit einen Widerspruch auf, der für die USA als staatliche Formation im 19. Jahrhundert insgesamt charakteristisch war. Das politische Leben war organisiert nach dem Prinzip der Volkssouveränität, und es fand eine stetige Ausweitung demokratischer Rechte männlicher weißer Bürger statt. Gleichzeitig bediente sich das Land imperialer Herrschaftsformen über versklavte Afrikaner und später weitgehend rechtloser Afroamerikaner, deren Arbeitskraft in der Landwirtschaft des Südens ausgebeutet wurde, sowie über indigene Gemeinwesen, die als Hindernisse der Expansion umgesiedelt und beseitigt wurden. In den 1850er- und 1860er-Jahren hatte Schurz die imperiale Herrschaft dergestalt kritisiert, dass rechtliche Gleichstellung der Kolonisierten anzustreben und auf dieser Grundlage eine Konsolidierung der Gesellschaft zu erreichen sei. Ab 1870/71 behauptete er zunehmend, an der imperialen Beherrschung von Afroamerikanern und Indigenen zum Vorteil weißer US-Bürger sei nichts zu ändern, weil diese Herrschaft einen Teil der Selbstbestimmung weißer Bürger darstelle. Schurz' Kritiker hielten am Gleichheitsgrundsatz fest und kritisierten auf dieser Grundlage die Beendigung der Reconstruction und die Zwangsassimilation als Übergriffe auf afroamerikanische und indigene Ansprüche auf gleiche Rechte. Sowohl der Inhalt von Schurz' Konzeptionen als auch die Art, wie er auf Kritik reagierte, unterstrichen seine prinzipielle Abkehr von der Annahme der Gleichheit aller Menschen. Frederick Douglass, William G. Brown, Ouray, Dennis W. Bushyhead und andere wurden als Diskussionspartner gar nicht erst ernst genommen. Auf manchem Podium mit Generälen, Politikern und anderen Würdenträgern nahm Schurz zeitlebens Platz. Trotz absehbar weitreichendster Folgen seiner Politik zur Reconstruction und Zwangsassimilation weigerte er sich aber, sich der Kritik von Betroffenen und deren Fürsprechern auch nur öffentlich zu stellen.

Historisch relevant sind Schurz' Positionierungen vor allem als bemerkenswert schlagkräftige Interventionen in die keineswegs vorentschiedene wichtigste Debatte der US-Demokratie im späten 19. Jahrhundert: Sollten ausschließlich europäischstämmige Menschen Staatsbürger und gleiche Inhaber von Rechten sein – oder war es möglich, Afroamerikanern und Indigenen ganz oder teilweise einen

---

[5] In Schurz' Kommentaren zur Außenpolitik machte sich seine Aufteilung der Welt in zur Herrschaft berufene und zu beherrschende Völker ebenfalls geltend. Für einige Stationen seines Denkens siehe Eric T. L. Love, *Race over Empire: Racism and U.S. Imperialism, 1865–1900* (Chapel Hill, NC: University of North Carolina Press, 2004), 53–55, 59–60, 104–5, 182–83.

solchen Status zu gewähren? In den 1870er-Jahren warb Schurz – mit manch ‚universalistischer Schleife' in der Argumentation – dafür, den Kreis der Inhaber voller Rechte zu verengen. Er nahm damit die tatsächliche Politik späterer Jahrzehnte vorweg, traf aber zum Zeitpunkt seiner Intervention noch auf viel Widerspruch, nicht nur von Betroffenen, sondern auch innerhalb der weißen Mehrheitsgesellschaft. Nicht nur Thomas Nast, der Karikaturist, der Schurz noch in den frühen 1870er-Jahren entgegentrat, übernahm später dessen Positionen.[6] Der Senator Henry L. Dawes aus Massachusetts, der Innenminister Schurz hinsichtlich der Zwangsassimilation noch entschieden entgegengetreten war, übernahm Mitte der 1880er-Jahre selbst diese Idee.[7] Das folgenreiche Allotment-Gesetz von 1887 trägt daher Dawes' Namen. Auch Helen H. Jackson, eine der schärfsten und hellsichtigsten Kritikerinnen von Schurz' Allotment-Gesetzesvorlage, freundete sich später teilweise mit dem Konzept an.[8]

Obwohl Schurz' Positionierungen wirkmächtig waren, ist sein historischer Einfluss vor allem von seinen deutschen Bewunderern vielfach übertrieben worden. Bereits zu seinen Lebzeiten setzten Heldenstilisierungen ein, die den durchaus kontroversen Politiker zur Lichtgestalt überhöhten. Schon im Jahr 1883 behauptete eine Artikelserie der Leipziger Zeitschrift *Weltpost* über „deutsche Vorbilder auf fremder Erde", Schurz würden „Ovationen" zuteil „in allen Städten der Union […], sie fanden ihren Widerhall in allen deutschen Gauen. […] Sein Name ist bei den wilden Stämmen Nordamerikas gesegnet bis in alle Ewigkeit. […] Als er mit Hayes aus seinem Amte schied, da mochte mancher [US-Bürger] mit banger Sorge in die Zukunft blicken."[9] In vielerlei Varianten ist die Darstellung von Schurz als Heilsbringer bis in die Gegenwart maßgeblich, wobei reale historische Vorgänge teilweise stark verfremdet werden.[10] Die Behauptung, dem in Deutschland bei mancher Feierstunde Geehrten würde in den USA eine noch viel größere Anerkennung zuteil, ist dabei ein immer wieder bemühtes Bild. „In Deutschland kaum bekannt, zählt Carl Schurz in den USA bis heute zu den wichtigsten Staatsmännern des 19. Jahrhunderts", wusste noch Anfang 2022 die Zeitschrift *Spiegel Geschichte*

---

6 Siehe Thomas Nast, „A Federal Bayonet and Sabre Lodge Porcupine", *New York Gazette*, 25. Juni 1892.
7 Washburn, *The Assault on Indian Tribalism*, 12, 17, 21.
8 Siehe Siobhan Senier, *Voices of American Indian Assimilation and Resistance: Helen Hunt Jackson, Sarah Winnemucca, and Victoria Howard* (Norman, OK: University of Oklahoma Press, 2001), 46–47.
9 Robert S. Arndt, „Karl Schurz. Ein Lebensbild", *Weltpost*, 1883, Nr. 8, 135.
10 Dies gilt sowohl für Schurz' frühes wie späteres Wirken. Mitunter wird z. B. auch behauptet, Schurz habe in seiner Studentenzeit 1848/49 bereits der Frankfurter Nationalversammlung angehört. Siehe „Carl-Schurz-Gedenkstätte im Vis-à-Vis der Paulskirche eröffnet", *Steuben-Schurz-Bulletin*, Nr. 91, Juni 2021, 1.

zu berichten.[11] Wie ein Blick in die Plenarprotokolle des US-Kongresses belegt, spielt Schurz tatsächlich in der heutigen amerikanischen Erinnerung eine eher untergeordnete Rolle. Zwischen 2001 und 2022 wurde Carl Schurz drei Mal im Kongress erwähnt. Der Name Abraham Lincolns fiel im selben Zeitraum 2.835 Mal, Frederick Douglass wurde 613 Mal erwähnt, und auch ein farbloser und wohl von niemandem für einen wichtigen ‚Staatsmann' gehaltener Ex-Präsident wie Millard Fillmore (im Amt 1850–53) wurde immerhin 28 Mal angeführt.[12]

Auch wenn manche Eigenarten und Motive der deutschen Erinnerung gleich geblieben sind, hat sich das Bild von Schurz seit Anfang des 20. Jahrhunderts doch mehrfach und grundlegend verändert. Eine völkische Lesart dominierte lange: Schurz' Karriere galt vor allem als Ausweis der Leistungsfähigkeit, Charakterstärke und Güte des Landsmanns – und damit der Deutschen insgesamt. Das demokratische Spezifikum von Schurz' Positionen war sicherlich schon um die Wende zum 20. Jahrhundert manchem liberalen Verehrer wichtig. Aber in vielen frühen Ehrungen stand vor allem das Können des deutschen ‚Staatsmannes' und sein Eintreten für eine außenpolitische Verständigung mit dem Kaiserreich im Zentrum. Dass der angeblich fabelhaft begabte Landsmann sein Können nur in der Ferne unter Beweis stellen konnte, bebilderte zudem die historische Errungenschaft der Reichsgründung, die solche Talente nunmehr in den Dienst einer eigenen deutschen Machtpolitik zu stellen versprach.[13] Als Schurz im Mai 1906 starb, feierte ihn die regierungsoffiziöse *Norddeutsche Allgemeine Zeitung* als „hervorragenden Typus des amerikanischen Deutschtums", der „hohe Führerstellungen" innegehabt habe. „Mit den Stammesgenossen jenseits des Ozeans und der ganzen amerikanischen Nation betrauert die alte Heimat in dem nun Verewigten einen Sohn unseres Volkes, der an der Spitze zahlloser Angehöriger unserer Rasse den deutschen

---

11 Solveig Grothe, „Durchs Abwasser in die Freiheit", *Spiegel Geschichte*, Nr. 1, 17. Januar 2022. Siehe auch Joachim Käppner, „Schlachtruf der Freiheit", *Süddeutsche Zeitung*, 17. Mai 2023.
12 Das war nicht immer so. Bis in die späten 1960er-Jahre wurde Schurz in den meisten Legislaturperioden häufiger erwähnt als der allerdings viel seltener als heute bemühte Douglass, und bis in die späten 1970er-Jahre fiel der Name von Schurz immerhin öfter als der Fillmores. Von 1930 bis 1976 setzte sich die deutsch-amerikanische „Carl Schurz Memorial Foundation" aktiv dafür ein, die Erinnerung an ihren als herausragenden Liberalen verehrten Namensgeber zu bewahren. Siehe *U. S. Congressional Record*, https://www.congress.gov/congressional-record/; Frank Trommler, „The Carl Schurz Memorial Foundation, Nazi Germany and German Americans", in *Yearbook of German-American Studies*, Bd. 54 (Jostens, Clarksville, TN: Society for German-American Studies, 2019), 159–86. Zur heutigen Schurz-Erinnerung in den USA siehe Lemann, „What to Do with Monuments Whose History We've Forgotten".
13 Siehe z. B. Eugen Kühnemann, „Address of Professor Eugene Kühnemann", 21. November 1906, *Addresses in Memory of Carl Schurz* (New York: New York Committee of the Carl Schurz Memorial, 1906), 22–27.

Namen in der Fremde zu Ehren gebracht."[14] Auch Wilhelm II. würdigte den Verstorbenen: Schurz sei ein „*hervorragender* Mann" gewesen, der „seiner neuen Heimat in Krieg und Frieden wertvolle Dienste geleistet und dabei *das deutsche Blut in seinen Adern nie verleugnet hat*".[15] Zu dessen Lebzeiten hatte sich der Kaiser an der republikanischen Gesinnung des Verstorbenen gestört – noch Ende 1904 hatte er auf einem Bericht neben Schurz' Namen notiert: „ein stehengebliebener doktrinärer Altliberaler".[16] Schurz' paternalistische Rhetorik, dass weiße Vorherrschaft auf eine angebliche Hebung der beherrschten Ethnien und spätere rechtliche Gleichstellung zu zielen habe, war zu subtil für Wilhelm II. und widersprach seinen Vorstellungen einer für immer feststehenden Hierarchie menschlicher Rassen.[17] In Abstraktion von seinen demokratischen Überzeugungen galt Schurz aber in der offiziellen kaiserlich-deutschen Erinnerung als bewundernswertes Beispiel deutscher Größe. Die ersten Straßen, die in Deutschland nach Carl Schurz benannt sind (heute sind es 54), bekamen ihren Namen bereits im Kaiserreich.[18]

Eine stärker republikanische Färbung bekam die deutsche Schurz-Erinnerung in der Weimarer Republik. Schurz wurde nun als Symbolfigur der politischen Annäherung an die USA und der eigenen demokratischen Wende verehrt. Er „ahnte [...] den November 1918 voraus", schrieb der sozialdemokratische *Vorwärts* über den „großen Republikaner"; die liberale *Vossische Zeitung* lobte Schurz' „Glauben

---

14 „Rundschau im Auslande", *Norddeutsche Allgemeine Zeitung*, 15. Mai 1906.
15 Hervorhebungen im Original. „Beileidtelegramm des Kaisers", *Leipziger Tageblatt und Handelszeitung*, 18. Mai 1906.
16 Wilhelm II., Randbemerkungen zu Hermann Speck von Sternburgs Bericht über den Deutschen Tag in St. Louis vom 13. Oktober 1904, Vereinigte Staaten von Nordamerika 16, Bd. 15, RZ201/17317, Bl. 4, Politisches Archiv des Auswärtigen Amtes, Berlin.
17 In Randbemerkungen zu einer Zusammenfassung der deutschen Botschaft von Schurz' Aufsatz „Can the South Solve the Negro Question" vom Januar 1904 (der angehängte Artikel selbst weist keine Lesespuren auf) behauptete Wilhelm II., „daß der Schwarze gar nicht im Stande ist, sich selbst zu regieren oder den Weißen gleichgestellt werden kann! Er ist und bleibt [!] eine inferiore, zum Dienen bestimmte Rasse." Schurz' Ideen seien „Hirngespinste eines Phantasten". Die Entwicklungsperspektive des Kaisers für Afroamerikaner in den Südstaaten war unverhohlen genozidal: „Das Negerproblem wird seine Lösung darin finden, daß dieselben sich ungeheuer schnell zum Nachteil der Weißen vermehren, daß es einstmals dahin kommen wird, daß entweder die Neger die Weißen durch die Zahl erdrücken, oder die Weißen rechtzeitig die Neger vorher abschießen." Wilhelm II., Randbemerkungen zu Hermann Speck von Sternburgs Zusammenfassung: „Can the South Solve the Negro Question", 7. Januar 1904, Vereinigte Staaten von Nordamerika 1, Bd. 15, RZ201/17130, Bl. 3, Politisches Archiv des Auswärtigen Amtes, Berlin. Siehe auch Alfred Vagts, *Deutschland und die Vereinigten Staaten in der Weltpolitik*, Bd. 1 (London: Lovat Dickson & Thompson, 1935), 591, 603.
18 „Aus Kölns Nachbarschaft", *Kölner Local-Anzeiger*, 25. Mai 1913; „Stadtverordnetensitzung", *Rheinischer Merkur*, 10. Oktober 1913.

an die Kraft und Sendung des demokratischen Staatsprinzips".[19] 1926 gründeten liberale Politiker und Wirtschaftsführer mit stillschweigender finanzieller Unterstützung der Reichsregierung die „Vereinigung Carl Schurz", die sich der Förderung des deutsch-amerikanischen Austauschs verschrieb.[20] Anlässlich des hundertsten Schurz-Geburtstags am 2. März 1929 nahmen höchste deutsche Staatsvertreter zusammen mit dem US-Botschafter an einer Feier im Reichstag teil, die im Rundfunk übertragen wurde.[21] Parallel fand in der Frankfurter Paulskirche eine Veranstaltung statt, und in der Geburtsstadt Liblar wurden ein Denkmal und eine Gedenktafel enthüllt.[22] Redner bei den Festakten verwiesen vielfach auf Demokratie und gleiche Rechte als zentrale Anliegen des Geehrten.[23] Aber es verband sich damit ausdrücklich nicht – wie beim jungen Schurz der 1850er- und 1860er-Jahre – ein kritisches Messen gesellschaftlicher Realitäten an diesen Prinzipien. Vielmehr sollte die Weimarer Republik gefeiert werden, und es wurde eine politische und wirtschaftliche Annäherung an die USA gesucht – mitsamt deren Herrschaftsgefüge, wie es 1929 existierte. Das allen Maßstäben von Rechtsgleichheit Hohn sprechende Jim-Crow-System im Süden und die zerstörerische Zwangsassimilation der indigenen Gemeinwesen waren, soweit bekannt, akzeptierte Tatsachen; die umworbenen US-amerikanischen Eliten mit einer Kritik an fehlenden Bürgerrechten von Minderheiten anzugreifen, lag quer zum Zweck des gesuchten Austausches. Die Darstellung von Schurz' Wirken musste so zur Apologie geraten. Einer Festschrift, der ein Vorwort des Außenministers Gustav Stresemann vorangestellt wurde, war zu entnehmen, Schurz habe „wirksam und dauernd die bisher unwür-

---

19 Hermann Wendel, „Ein Republikaner. Zum 100. Geburtstag des Freiheitskämpfers Karl Schurz", *Vorwärts*, Abendausgabe, 1. März 1929; Albrecht Graf Montgelas, „Ein Bürger zweier Welten", *Vossische Zeitung*, 2. März 1929.
20 Siehe Anton Erkelenz und Fritz Mittelmann, Hrsg., *Carl Schurz. Der Deutsche und der Amerikaner* (Berlin: Sieben Stäbe-Verlags- und Druckereigesellschaft, 1929), 267–268; Elisabeth Piller, *Selling Weimar: German Public Diplomacy and the United States, 1918–1933* (Stuttgart: Franz Steiner Verlag, 2021), 195–198; Christian H. Freitag, „Die Entwicklung der Amerikastudien in Berlin bis 1945 unter Berücksichtigung der Amerikaarbeit staatlicher und privater Organisationen" (Dissertation, Freie Universität Berlin, 1977), 95–97.
21 Siehe „Karl-Schurz-Feier im Reichstag", *Vossische Zeitung*, 4. März 1929; Carl-Schurz-Vereinigung, Hrsg., *Zum hundertsten Geburtstage von Carl Schurz*.
22 Siehe „Denkmalsenthüllung in Liblar", *Hildener Rundschau*, 4. März 1929; „Carl Schurz-Feiern", *Neue Mannheimer Zeitung*, 4. März 1929.
23 Siehe die Reden von Paul Löbe, Hermann Oncken, Albert B. Faust und Jacob Gould Schurman anlässlich der Carl-Schurz-Feier im Reichstag sowie die Rede von Johann Elfgen bei der Denkmalsenthüllung in Liblar am 3. März 1929. Carl-Schurz-Vereinigung, Hrsg., *Zum hundertsten Geburtstage von Carl Schurz*, 8, 10–11, 12–13, 19, 27, 31; „Denkmalsenthüllung in Liblar", *Hildener Rundschau*, 4. März 1929.

dige und traurige Lage der Indianerstämme" verbessert.[24] Die ebenfalls abgedruckte Trauerrede von Booker T. Washington aus dem Jahr 1906 bezeugte große Hilfeleistungen für und Dankbarkeit seitens der „Indianer- und Negerrasse".[25]

Abb. 9: Der US-Botschafter Jacob Gould Schurman spricht am 3. März 1929 bei einer Carl-Schurz-Feier im Reichstag. Links im Bild sitzt der Germanist Albert B. Faust neben Mitgliedern der Bonner Burschenschaft Frankonia. Im Hintergrund steht eine Schurzbüste des Bildhauers Theodor C. Pilartz. (Quelle: *Illustrierte Zeitung*, Leipzig, 14. März 1929.)

Schurz-Huldigungen in der Zeit des Nationalsozialismus nahmen ein ähnliches Verhältnis zu dem stilisierten „großen amerikanischen Staatsmann deutscher Ab-

---

24 Hermann Schumacher, „Carl Schurz" in Erkelenz und Mittelmann, Hrsg., *Carl Schurz*, 90. Diese Einschätzung der Indianerpolitik fiel bereits 1929 hinter den offiziellen Stand Washingtons zurück. Im Vorjahr hatte die Brookings Institution mit dem sogenannten „Meriam Report" eine höchst kritische Bilanz der Allotment- und Assimilationspolitik vorgelegt, was in den folgenden Jahren zur Abkehr von diesen Praktiken führte. Siehe Lewis Meriam, *The Problem of Indian Administration* (Baltimore: Johns Hopkins Press, 1928).
25 Booker T. Washington, „Ansprache bei der Carl-Schurz-Memorial-Feier am 21. November 1906" in Erkelenz und Mittelmann, Hrsg., *Carl Schurz*, 251.

stammung" ein wie vormals unter dem Kaiser.[26] „Im Lichte einer neuen Geschichtsbetrachtung" sei Schurz einer der „größten Söhne unseres Volkes", erklärte 1936 der Berliner Universitätsrektor Wilhelm Krüger. „Es befremdet uns dabei nicht, dass sich sein Schicksal nicht in Deutschland, sondern in Amerika vollendete, denn die sittlichen Kräfte von Carl Schurz, die ihn befähigten, zum amerikanischen Staatsmann aufzusteigen, [...] wurzeln im deutschen Volkstum."[27] Unter Absehung von seinen demokratischen Überzeugungen schien Schurz den Nationalsozialisten ein reklamierbares Beispiel deutscher Größe darzustellen.[28] Das Denkmal und die Gedenktafel in der Geburtsstadt Liblar, die unter demokratischen Vorzeichen 1929 mit Beteiligung des republikanischen Reichsbanners Schwarz-Rot-Gold enthüllt worden waren, dienten nun als Kulisse von Aufmärschen mit der SA, der Hitlerjugend und dem Bund Deutscher Mädel.[29]

Unter der Präsidentschaft des IG-Farben-Managers und später in Nürnberg als Kriegsverbrecher verurteilten Max Ilgner wurde die gleichgeschaltete „Vereinigung Carl Schurz" ab 1933 zu einer Schaltstelle der kulturpolitischen Propaganda ausgebaut, die das Ansehen des Regimes in den USA verbessern und die Geschäfte deutscher Exporteure unterstützen sollte.[30] In der heute nicht mehr existierenden Viktoriastraße zwischen Berliner Tiergarten und Potsdamer Platz öffnete am 14. Mai 1934 ein repräsentatives Carl-Schurz-Haus, in dem amerikanische Besucher für das Regime eingenommen werden sollten. Die *New York Times* berichtete: „Die Gäste der Eröffnungsfeier salutierten in Nazi-Manier mit ausgestreckten Armen vor der amerikanischen Flagge, während eine Büste des deutsch-amerikanischen Staatsmannes enthüllt wurde und das Orchester ,The Star Spangled Banner' spiel-

---

26 Max Ilgner, Rede bei der Eröffnung des Carl-Schurz-Hauses Berlin, 14. Mai 1934, in *Mitteilungen der Vereinigung Carl Schurz*, Nr. 1, August 1934, 13.
27 Vorwort in: Herbert Sonthoff, *Revolutionär – Soldat – Staatsmann: Der Deutsche und der Amerikaner Carl Schurz* (Leipzig: Reclam, 1936), 6. Siehe auch Hans Draeger, „Carl Schurz", *Bürener Zeitung*, 16. Mai 1934.
28 Auch wenn Schurz nicht in die vorderste Reihe völkischer Vorbilder gerückt wurde, tauchten lobende Vereinnahmungen an prominenter Stelle in der nationalsozialistischen Propaganda auf. Adolf Hitler wollte in Schurz' späterem Wirken „wertvolle Dienste und wertvolle Arbeit" erkennen, und Joseph Goebbels hielt ihm mit anderen in die USA ausgewanderten 1848ern „Tatkraft und Entschlossenheit" zugute. „Sie waren keine Abtrünnigen, sie liebten ihr Vaterland oft mehr, als viele in der Heimat selbst." Adolf Hitler, „Politik der Woche", 26. Januar 1929, in *Reden, Schriften, Anordnungen: Februar 1925 bis Januar 1933*, Bd. 3.1 (München: K. G. Saur, 1992), 395; Joseph Goebbels, „Goebbels zur Freundschaft mit Amerika", *Kölnische Zeitung*, 9. Oktober 1933.
29 Siehe „Denkmalsenthüllung in Liblar", *Hildener Rundschau*, 4. März 1929; „Ehrung eines Großen zweier Völker", *Der Neue Tag*, Köln, 24. Mai 1936; „Zur Erinnerung an Carl Schurz", *Der Neue Tag*, Köln, 30. Mai 1939.
30 Siehe Freitag, „Die Entwicklung der Amerikastudien in Berlin bis 1945", 148–152.

te."³¹ Die „Vereinigung Carl Schurz" gab bis zum Krieg eine Vielzahl von Publikationen heraus und organisierte Veranstaltungen und Gruppenreisen für amerikanische Gäste.³² Manche Amerikaner waren empört darüber, dass die Nationalsozialisten, die gerade die Weimarer Demokratie zerschlagen hatten, die Grundrechte der von ihnen Verfolgten offen verhöhnten und eine immer aggressivere Hetze gegen Juden betrieben, den Demokraten Schurz für sich reklamierten.³³ Intern verwarfen auch einige Propagandisten des Regimes Schurz als zu weltbürgerlich, zu assimilatorisch in seinen Rassevorstellungen und Antisemitismus zu entschieden ablehnend.³⁴

Diente die Überhöhung von Schurz in den frühen Jahren der Diktatur noch dazu, unter US-Bürgern für das Regime zu werben, so gingen Darstellungen in der Kriegszeit dazu über, mit dem Herausstreichen von Schurz' deutschem Wesen die USA als solche zu verteufeln. In diesem Sinne stilisierte eine Biografie Rudolf Baumgardts Schurz zum „Prediger des deutschen Geistes in der materiellen Wüste Amerikas".³⁵ Ohne den Deutschen hätten die USA in Baumgardts Darstellung schwerlich den Bürgerkrieg gewonnen und auch sonst während seiner Lebenszeit

---

31 „Schurz Association Opens Berlin Americans' Club", *New York Times*, 15. Mai 1934. An der Eröffnungsfeier nahmen hochrangige Vertreter der NSDAP und des Auswärtigen Amtes teil. Siehe „Im Geiste von Carl Schurz", *Frankfurter Zeitung*, 15. Mai 1934.
32 Siehe Freitag, „Die Entwicklung der Amerikastudien in Berlin bis 1945", 152–157 und die *Mitteilungen der Vereinigung Carl Schurz*.
33 Am 24. Juli 1935 erklärte der US-Botschafter William E. Dodd bei einer Berliner Veranstaltung der „Vereinigung Carl Schurz" wenig diplomatisch, dass im Sinne des Namensgebers doch Presse- und Religionsfreiheit zu wahren und „hyper-nationalistische" Standpunkte zu bekämpfen seien. „Free Speech Urged by Dodd in Berlin", *New York Times*, 25. Juli 1935. Siehe auch „Eddy Assails Nazis at Berlin Meeting", ebd., 21. Juli 1933, „Carl Schurz' Name geschändet", *Pariser Tageblatt*, 6. Februar 1935 und Oswald Garrison Villard, „Issues and Men", *Nation*, 17. Juni 1936, 778. Auf eine geschlossene Front der Ablehnung stieß die Vereinnahmung jedoch augenscheinlich nicht. Die „Vereinigung Carl Schurz" veröffentlichte in ihren *Mitteilungen* einige enthusiastische Berichte von amerikanischen Teilnehmern ihrer Reisen. Siehe z. B. „Extracts from Reports of American Exchange Students in Germany 1935–36, Regarding the Vereinigung Carl Schurz Tour", in *Mitteilungen der Vereinigung Carl Schurz*, Nr. 18, Mai 1937, 20–27.
34 Siehe die Dissertation von (Hanns) Dietrich Ahrens, der während des Krieges in der Rundfunkpolitischen Abteilung des Auswärtigen Amtes Karriere machte. Dietrich Ahrens, „Weltbürgertum, Amerikanismus und Deutschtum in der Weltanschauung von Karl Schurz" (Dissertation, Goethe-Universität Frankfurt am Main, 1940), insbesondere 26–27 und 41. Der Vizepräsident der „Vereinigung Carl Schurz" Hans Draeger hatte zeitweise eine Umbenennung der Vereinigung befürwortet, was jedoch am Einspruch des Auswärtigen Amts scheiterte. Siehe Rennie W. Brantz, „German-American Friendship: The Carl Schurz Vereinigung, 1926–1942", *International History Review* 11, Nr. 2 (1989): 240.
35 Rudolf Baumgardt, *Carl Schurz: Ein Leben zwischen Zeiten und Kontinenten* (Berlin: Zeitgeschichte Verlag Wilhelm Andermann, 1939), 423.

kaum eine bedeutende Leistung zustande gebracht. Ähnliche Stilisierungen erschienen in deutschen Zeitungen bis zum Kriegsende.[36]

Seit 1949 haben Ehrungen in der Bundesrepublik Deutschland Schurz' ausgeprägten Demokratiebezug ins Zentrum gestellt.[37] Auf seine Minderheitenpolitik wurde dabei gerne als Ausweis von Prinzipienfestigkeit verwiesen. „Es bedarf besonderer Hervorhebung", erklärte der aus dem Exil zurückgekehrte Politikwissenschaftler Ernst Fraenkel bei der Eröffnung einer Schurz-Ausstellung im Jahr 1953, „dass der prominenteste amerikanische Politiker deutscher Herkunft einer der wärmsten Fürsprecher benachteiligter rassischer Minderheitsgruppen gewesen ist, den die amerikanische Geschichte aufzuweisen hat."[38] So und ähnlich ist Schurz seither als demokratische Identifikationsfigur gefeiert worden. Die Publikationen kritischer historischer Forschung zur Reconstruction und Indianerpolitik seit den 1960er-Jahren taten der Verklärung in der deutschen Erinnerung keinen Abbruch – eher entfernten sich die Ehrungen noch weiter von den historischen Vorgängen.[39] Der ebenfalls ins Exil gegangene Schriftsteller Joachim Maass fertigte noch 1949 in einer Schurz-Biografie aus der Wende gegen die Reconstruction einen veritablen Heldenbericht.[40] Deutsche populärbiografische Darstellungen, die seit den 1960er-Jahren erschienen sind, übergehen dagegen vielfach ganz die Wende gegen die Sicherung afroamerikanischer Bürgerrechte. Um in Schurz eine demo-

---

36 Siehe z. B. „Großer Deutscher in USA. Zum 115. Geburtstage von Karl Schurz", *General-Anzeiger*, Bonn, 2. März 1944; „Zerstörte Bäume klagen an. Ein Deutscher unterband den Raubbau an Bäumen in den USA", *Der Führer: Hauptorgan der NSDAP Gau Baden*, 10. Februar 1945.
37 Siehe z. B. Theodor Heuss, Rede auf dem Bonner Marktplatz, 12. September 1949, ders. Rede vor der Bremer Carl-Schurz-Gesellschaft, 7. Februar 1952, in *Die großen Reden. Der Staatsmann* (Tübingen: Rainer Wunderlich Verlag, 1965), 96–98, 166–183. Die Geschichtspolitik der DDR fokussierte auf sozialistische 1848er; folglich spielte Carl Schurz dort kaum eine Rolle. Der Ost-Berliner „Verlag der Nation" gab indes 1952 eine Auswahl und 1973/77 eine ungekürzte Ausgabe seiner *Lebenserinnerungen* heraus. Siehe Carl Schurz, *Flucht in die Enttäuschung. Aus den Erinnerungen des Deutsch-Amerikaners Carl Schurz* (Berlin, DDR: Verlag der Nation, 1952); ders., *Sturmjahre: Lebenserinnerungen 1829–1852* (Berlin, DDR: Verlag der Nation, 1973); ders., *Unter dem Sternenbanner: Lebenserinnerungen 1852–1869* (Berlin, DDR: Verlag der Nation, 1977).
38 Ernst Fraenkel, „Leben und Werk von Carl Schurz", 3. Februar 1953, in *Gesammelte Schriften*, hrsg. von Hubertus Buchstein und Rainer Kühn, Bd. 4 (Baden-Baden: Nomos, 2000), 146.
39 Es gab vereinzelte Ausnahmen. Im Oktober 1987 berichtete der *Kölner Stadtanzeiger* über einen Vortrag des Journalisten Erich Weber, demzufolge „Schurz' Rolle als Innenminister bei der Ausrottung der Indianer" nunmehr in den USA kritisch gesehen werde. „Die zwei Gesichter des Carl Schurz", *Kölner Stadtanzeiger*, 22. Oktober 1987.
40 Siehe Joachim Maass, *Der unermüdliche Rebell: Leben, Taten und Vermächtnis des Carl Schurz* (Hamburg: Claassen & Goverts, 1949), 77–78, 92. Siehe auch Hanns Höwing, *Carl Schurz. Rebell, Kämpfer, Staatsmann* (Wiesbaden: Limes, 1948), 533–535; Fraenkel „Leben und Werk von Carl Schurz", 146.

kratische Identifikationsfigur universalistischen Zuschnitts verehren zu können, musste dieser Fortgang ausgeblendet werden.

Sieht man von offensichtlichen Retuschen der Geschichte und demagogischen Vereinnahmungen ab – wie lässt es sich erklären, dass Schurz trotz des starken Wandels politischer Werte als historische Identifikationsfigur fortbestanden hat? Vermutlich haben gerade seine widersprüchlichen Stellungnahmen dazu beigetragen, dass er als historisches Vorbild besonders anschlussfähig erscheinen konnte. Wie sich Demokratie in den USA konkretisierte, welche Gruppen der politischen Gemeinschaft für extern befunden und imperialen Herrschaftsmustern unterworfen wurden, das erschließt sich häufig nicht aus dem Lesen von Schurz' Schriften und Reden allein, sondern erst bei einer Auswertung im historischen Zusammenhang. Zudem zeichnete seine Stellungnahmen vielfach eine gewisse Doppeldeutigkeit aus, die Frederick Douglass' Zeitung *New National Era* als erste analysiert hat. Notwendige Folgen von befürworteten Maßnahmen sprach Schurz nicht aus und lieferte „vergoldete Prächtigkeiten des Intellekts und der Rhetorik, [die] für den Augenblick blenden mögen".[41] Selbst beim Werben für offensichtlich brutale Maßnahmen beteuerte Schurz in der Regel, nur das Beste für Afroamerikaner und Indigene anzustreben und langfristig ihre rechtliche Gleichstellung zu befürworten. Ohne genaue Kenntnis der spezifischen Zusammenhänge konnten spätere Bewunderer seine Äußerungen auf vielfache Art lesen. Die Befürworter einer weißen Vorherrschaft konnten in seinen Reden ebenso ihren eigenen paternalistischen Standpunkt wiedererkennen, wie Anhänger einer multiethnischen Demokratie darin wohlwollend die Vorwegnahme ihrer eigenen Ideale sahen und sehen.

Mit Verweisen auf Doppeldeutigkeiten wird sich eine universalistische Erinnerungskultur indes nicht zufriedengeben können. Schurz war nicht bloß wie manch andere Intellektuelle in einem rassistischen Zeitgeist befangen; er griff vielmehr in die Entwicklung ein und trug an prominenter Stelle zu keineswegs alternativlosen politischen Entscheidungen bei, die in Gewalt, Hunger und Unterdrückung mündeten und auf Jahrzehnte die Stellung von Afroamerikanern und Indigenen in der US-Gesellschaft verschlechterten. Diese Faktenlage anzuerkennen und die kritische zeitgenössische Kommentierung aus afroamerikanischen und indigenen Perspektiven nicht weitere hundertfünfzig Jahre mit Schweigen zu übergehen, sollte sich die Erinnerungskultur einer multiethnischen Demokratie schuldig sein.

---

41 Das Zitat: „The Defection of Carl Schurz Once More", *New National Era*, 29. Dezember 1870. Zum Argument siehe: „The Speech of Carl Schurz", *New National Era*, 22. Dezember 1870.

Zeittafel

2. März 1829:	Geburt von Carl Schurz in Liblar (heute: Erftstadt-Liblar) in der Preußischen Rheinprovinz.
1847:	Beginn des Philologie- und Geschichtsstudiums in Bonn; Mitgliedschaft in der Bonner Burschenschaft Frankonia.
1848/1849:	Schurz nimmt an den revolutionären Erhebungen in Deutschland teil; Flucht nach Frankreich und in die Schweiz.
6./7. November 1850:	Schurz befreit seinen Freund und Mentor Gottfried Kinkel aus dem Spandauer Zuchthaus; gemeinsame Flucht nach Großbritannien.
1852:	Schurz siedelt in die USA über.
1856:	Erste Auftritte als Redner der Republikanischen Partei und Antisklavereibewegung.
1860:	Wahlsieg des Republikaners Abraham Lincoln bei den Präsidentschaftswahlen.
1861–1865:	Bürgerkrieg in den USA; Schurz dient als General in der Nordstaatenarmee.
1. Januar 1863:	Die „Emancipation Proclamation" Präsident Lincolns erklärt die Sklaverei in den abtrünnigen Südstaaten für ungültig.
1865:	Verabschiedung des 13. Verfassungszusatzes, der die Sklaverei in den Vereinigten Staaten endgültig abschafft.
März und Juli 1867:	Der US-Kongress verabschiedet den First und Second Reconstruction Act. Der Süden wird in fünf Militärbezirke aufteilt. Die militärische Präsenz und Kontrolle durch die Bundesebene wird erweitert. Es werden Neuwahlen und die Verabschiedung neuer Gliedstaatsverfassungen unter Wahrung der Bürgerrechte von Afroamerikanern durchgesetzt.
1867:	Schurz wird Miteigentümer und Redakteur der *Westlichen Post* in St. Louis, Missouri.
Juli 1868:	Der 14. Verfassungszusatz soll allen US-Bürgern unabhängig von der Hautfarbe gleiche Rechte und Schutz unter dem Gesetz garantieren.
1869–1875:	Schurz vertritt Missouri im US-Senat.
Februar 1870:	Der 15. Verfassungszusatz soll das Wahlrecht aller männlichen US-Bürger unabhängig von der Hautfarbe garantieren.
April 1871:	Der Kongress verabschiedet den Ku Klux Klan Act, der darauf abzielt, den gewalttätigen Widerstand gegen die Gleichberechtigung und die politische Teilhabe der Afroamerikaner im Süden zu bekämpfen. Schurz stimmt gegen die Vorlage.
1872:	Schurz engagiert sich führend für die dritte Partei der Liberal Republicans, die für ein Ende der Reconstruction, eine Professionalisierung des öffentlichen Dienstes und Antikorruptionsmaßnahmen wirbt.
1877–1881:	Schurz dient als Innenminister im Kabinett des republikanischen Präsidenten Rutherford B. Hayes.
1877:	Beendigung der Reconstruction: Die US-Regierung gibt es offiziell auf, afroamerikanische Bürgerrechte in den Südstaaten zu schützen. Die letzten US-Truppen verlassen Louisiana und South Carolina. Mit Gewalt und rechtlichen Tricks werden die Garantien der 14. und 15. US-Verfassungs-

	zusätze im Süden zunehmend ausgehebelt. Afroamerikaner werden schrittweise aus dem politischen Leben und in den Status einer niederen Kaste gedrängt.
Ende 1879 / Anfang 1880:	Nach gewaltsamen Zusammenstößen der White River Utes mit Indianeragenten („Meeker-Massaker") sowie dem Militär fordern viele weiße Bürger in Colorado die Vertreibung aller Indigenen aus dem Bundesstaat, die zum großen Teil völlig unbeteiligt waren. Schurz entzieht den White River Utes Lebensmittelrationen, um ihr Einlenken zu erzwingen, und droht auch unbeteiligten Utes mit militärischer Vernichtung.
1879:	Eröffnung der Carlisle Indian Industrial School in Pennsylvania, dem ersten von vielen staatlichen Internaten zur Umerziehung indigener Kinder.
1879:	Beginn der „Exoduster"-Bewegung, bei der Zehntausende Afroamerikaner aus den Südstaaten in Richtung Kansas und Nebraska ziehen, um weitverbreiteter Gewalt und Armut zu entkommen.
Ab 1879:	Schurz wirbt für die Aufteilung von Reservationen in private Individualgrundstücke an Indigene (Allotment) und den Verkauf des nicht verteilten Landes an weiße Siedler.
1881–1883:	Schurz ist Redakteur der *Evening Post* und *Nation* in New York.
1885:	6.201 indigene Kinder leben getrennt von ihren Familien in staatlichen Internaten.
1887:	Verabschiedung des Dawes General Allotment Act, mit dem die Aufteilung und der Ausverkauf der Reservationen zur Norm erhoben wird. Indigene Gemeinwesen kontrollieren noch insgesamt 136,39 Millionen Acres (55,19 Millionen Hektar) Land.
1888–1892:	Schurz ist Vertreter der Hamburg-Amerika-Linie in New York.
1890:	9.865 indigene Kinder leben in staatlichen Internaten. Infolge des Allotments von Reservationen kontrollieren indigene Gemeinwesen nur noch 104,31 Millionen Acres (42,21 Millionen Hektar) Land.
1891–1901:	Höhepunkt der Lynchjustiz in den Südstaaten. Jedes Jahr ermorden weiße Mobs mehr als hundert Afroamerikaner, die sich angeblich gegen die soziale Ordnung der weißen Vorherrschaft vergangen haben.
1892–1901:	Schurz ist Vorsitzender der National Civil Service Reform League, die für eine Professionalisierung des öffentlichen Dienstes wirbt.
1892–1898:	Schurz verfasst Kolumnen für *Harper's Weekly*.
1895:	15.061 indigene Kinder leben in staatlichen Internaten.
1896:	Mit dem Urteil im Fall Plessy v. Ferguson legalisiert das US-Verfassungsgericht unter der Doktrin „Separate but Equal" offiziell die Rassentrennung im öffentlichen Leben. In der Folge wird die Rassentrennung in den Südstaaten verschärft und systematisiert. Stellenweise breiten sich Praktiken der Rassentrennung auch in anderen Landesteilen aus. In den frühen 1900er-Jahren findet sie Einzug in Bundesbehörden.
1898:	Schurz schließt sich der neu gegründeten „American Anti-Imperialist League" an, die sich gegen die Annexion von Überseeterritorien durch die USA ausspricht.
1900:	17.034 indigene Kinder leben in staatlichen Internaten. Indigene Gemeinwesen kontrollieren noch 77,87 Millionen Acres (31,51 Millionen Hektar) Land.

1905:	Die afroamerikanische „Niagara Movement" fordert das Ende von Rassentrennung und Diskriminierung.
14. Mai 1906:	Carl Schurz stirbt in New York.
1920:	19.631 indigene Kinder leben in staatlichen Internaten. Indigene Gemeinwesen kontrollieren noch 35,7 Millionen Acres (14,44 Millionen Hektar) Land.
1924:	Der Indian Citizenship Act gewährt allen in den USA geborenen Indigenen die US-Staatsbürgerschaft.
1926:	27.361 indigene Kinder leben in staatlichen Internaten.
1934:	Der Indian Reorganization Act stärkt die Selbstverwaltung indigener Gemeinwesen; die Praxis des Allotments wird beendet. Infolge des Politik kontrollieren indigene Gemeinwesen nur noch 34,28 Millionen Acres (13,87 Millionen Hektar) Land.
1954:	Im Fall Brown v. Board of Education erklärt das US-Verfassungsgericht die Rassentrennung in Schulen für verfassungswidrig.
1964:	Der Civil Rights Act verbietet die Diskriminierung aufgrund von Rasse, Hautfarbe, Religion, Geschlecht und Herkunft im öffentlichen Raum, staatlichen Einrichtungen und am Arbeitsplatz.
1965:	Der Voting Rights Act schützt das Wahlrecht von Afroamerikanern in den Südstaaten.
1968:	34.605 indigene Kinder leben in staatlichen Internaten.
1968:	Der Fair Housing Act verbietet Diskriminierung im Wohnungsmarkt aufgrund von Rasse, Religion, Herkunft und Geschlecht.
1978:	Der Indian Child Welfare Act schränkt die Adoption von indigenen Kindern durch nicht-indigene Familien ein, um deren indigene Kultur und Familienbande zu schützen. Mit dem ebenfalls verabschiedeten American Indian Religious Freedom Act wird die Ausübung indigener Religionen erstmals unter staatlichen Schutz gestellt.

Literatur

Adams, David Wallace. *Education for Extinction: American Indians and the Boarding School Experience, 1875–1928*. 2. Aufl. Lawrence, KS: University Press of Kansas, 2020.
Addresses in Memory of Carl Schurz. New York: New York Committee of the Carl Schurz Memorial, 1906.
Ahrens, Dietrich. „Weltbürgertum, Amerikanismus und Deutschtum in der Weltanschauung von Karl Schurz". Dissertation, Goethe-Universität Frankfurt am Main, 1940.
Ashland Times.
Baumgardt, Rudolf. *Carl Schurz: Ein Leben zwischen Zeiten und Kontinenten*. Berlin: Zeitgeschichte Verlag Wilhelm Andermann, 1939.
Baltimore Sun.
Baumann, Birgit. „Kratzer am Lack eines deutschen Helden". *Der Standard*, 26. Mai 2022. https://www.derstandard.de/.
Blight, David W. *Frederick Douglass: Prophet of Freedom*. New York: Simon & Schuster, 2018.
Breaux, Peter J. „William G. Brown and the Development of Education: A Retrospective on the Career of a State Superintendent of Public Education of African Descent in Louisiana". Dissertation, Florida State University, 2006.
Brown, Dee. *Begrabt mein Herz an der Biegung des Flusses*. München: Knaur, 1972.
Bürener Zeitung.
Carl Schurz Papers. MSS39156. Library of Congress, Washington, D. C.
Carl-Schurz-Haus Freiburg. „Ein Abend über Carl Schurz – Zwischen transatlantischer Heldenverehrung und postkolonialer Kritik. Podiumsdiskussion", 7. Juli 2022. https://www.youtube.com/watch?v=H_mNmm0DYTY.
Carl-Schurz-Vereinigung, Hrsg. *Zum hundertsten Geburtstage von Carl Schurz. Festreden bei Gelegenheit der Feier im Reichstage zu Berlin am 3. März 1929*. Berlin: Sieben Stäbe-Verlags- und Druckereigesellschaft, 1929.
Charleston Daily News.
Chicago Tribune.
Cincinnati Enquirer.
Daily Inter Ocean (Chicago, IL).
Daily Missouri Republican.
Dando-Collins, Stephen. *Standing Bear Is a Person: The True Story of a Native American's Quest for Justice*. Cambridge, MA: Da Capo Press, 2004.
Decker, Peter R. *The Utes Must Go! American Expansion and the Removal of a People*. Golden, CO: Fulcrum Publishing, 2004.
Deloria, Vine, und Clifford M. Lytle. *The Nations Within: The Past and Future of American Indian Sovereignty*. New York: Pantheon Books, 1984.
Der Führer: Hauptorgan der NSDAP Gau Baden.
Der Neue Tag (Köln).
Diedrich, Maria. *Love Across Color Lines: Ottilie Assing and Frederick Douglass*. New York: Hill and Wang, 2000.
Du Bois, W. E. B. *The Souls of Black Folk*. New York: Oxford University Press, 2007.
Dunbar-Ortiz, Roxanne. *Not „A Nation of Immigrants": Settler Colonialism, White Supremacy, and a History of Erasure and Exclusion*. Boston: Beacon Press, 2021.
Education of Negroes. New Orleans: Omega Psi Phi, 1935.

Efford, Alison Clark. *German Immigrants, Race, and Citizenship in the Civil War Era*. Cambridge, UK: Cambridge University Press, 2013.
Erkelenz, Anton und Fritz Mittelmann, Hrsg. *Carl Schurz. Der Deutsche und der Amerikaner*. Berlin: Sieben Stäbe-Verlags- und Druckereigesellschaft, 1929.
Evening Post (New York).
Foner, Eric. *Reconstruction: America's Unfinished Revolution, 1863–1877*. New York: Harper and Row, 1988.
Frankfurter Zeitung.
Fraenkel, Ernst. „Leben und Werk von Carl Schurz, 3. Februar 1953". In *Gesammelte Schriften*, herausgegeben von Hubertus Buchstein und Rainer Kühn, 4: 142–49. Baden-Baden: Nomos, 2000.
Freitag, Christian H. „Die Entwicklung der Amerikastudien in Berlin bis 1945 unter Berücksichtigung der Amerikaarbeit staatlicher und privater Organisationen". Dissertation, Freie Universität Berlin, 1977.
Geiger, Rudolf. *Der deutsche Amerikaner: Carl Schurz – Vom deutschen Revolutionär zum amerikanischen Staatsmann*. Germering: Selbstverlag, 2016.
Genetin-Pilawa, C. Joseph. *Crooked Paths to Allotment: The Fight over Federal Indian Policy after the Civil War*. Chapel Hill, NC: University of North Carolina Press, 2012.
Grann, David. *Killers of the Flower Moon: The Osage Murders and the Birth of the FBI*. New York: Doubleday, 2017.
Grothe, Solveig. „Durchs Abwasser in die Freiheit", *Spiegel Geschichte*. Nr. 1, 17. Januar 2022.
Grua, David W. *Surviving Wounded Knee: The Lakotas and the Politics of Memory*. Oxford, UK: Oxford University Press, 2016.
Harsha, William Justin. „Law for the Indians". *North American Review* 134, Nr. 304 (März 1882): 272–92.
Heuss, Theodor. *Die großen Reden. Der Staatsmann*. Tübingen: Rainer Wunderlich Verlag, 1965.
Hildener Rundschau.
Hitler, Adolf. „Politik der Woche". 26. Januar 1929. In *Reden, Schriften, Anordnungen: Februar 1925 bis Januar 1933*, 3.1: 393–98. München: K. G. Saur, 1992.
Hochbruck, Wolfgang und Aynur Erdogan. *Carl Schurz*. Freiburg: Carl-Schurz-Haus, 2012.
Honeck, Mischa. *We Are the Revolutionists: German-Speaking Immigrants and American Abolitionists after 1848*. Athens, GA: University of Georgia Press, 2011.
Höwing, Hanns. *Carl Schurz. Rebell, Kämpfer, Staatsmann*. Wiesbaden: Limes, 1948.
Illustrierte Zeitung (Leipzig).
Immerman, Richard H. *Empire for Liberty: A History of American Imperialism from Benjamin Franklin to Paul Wolfowitz*. Princeton, NJ: Princeton University Press, 2012.
Independent (New York).
Indian Journal (Muskogee, OK).
Keßler, Walter. *Carl Schurz: Kampf, Exil und Karriere*. Köln: Greven, 2006.
Käppner, Joachim. „Der Gesang der eisernen Lerche". *Süddeutsche Zeitung*, 10. Oktober 2022.
Käppner, Joachim. „Schlachtruf der Freiheit". *Süddeutsche Zeitung*, 17. Mai 2023.
Kollender, Andreas. *Libertys Lächeln: Roman*. Bielefeld: Pendragon, 2019.
Kölner Local-Anzeiger.
Kölner Stadtanzeiger.
Kölnische Zeitung.
Kurbjuweit, Dirk. „Kein Held ist perfekt". *Der Spiegel*, 14. Mai 2022.
Lawrence, Eugene. „Mr. Carl Schurz and his Victims". *Harper's Weekly*, 7. Juli 1872.
Leipziger Tageblatt und Handelszeitung.

Lemann, Nicholas. „What to Do with Monuments Whose History We've Forgotten". *The New Yorker*, 26. November 2017. https://www.newyorker.com/news/news-desk/what-to-do-with-monuments-whose-history-weve-forgotten.

Love, Eric T. L. *Race Over Empire: Racism and U. S. Imperialism, 1865–1900*. Chapel Hill, NC: University of North Carolina Press, 2004.

Lubrecht Sr., Peter T. *Carl Schurz, German-American Statesman: My Country Right or Wrong*. Charleston, SC: America Through Time, 2019.

Louisianian.

Maass, Joachim. *Der unermüdliche Rebell: Leben, Taten und Vermächtnis des Carl Schurz*. Hamburg: Claassen & Goverts, 1949.

Maruschke, Megan. „The French Revolution and the New Spatial Format for Empire: A Nation-State with Imperial Extensions". *French Historical Studies* 44, Nr. 3 (2021): 499–528.

Mathes, Valerie Sherer, und Richard Lowitt. *The Standing Bear Controversy: Prelude to Indian Reform*. Urbana, IL: University of Illinois Press, 2003.

Matsen, William E. „The Battle of Sugar Point: A Re-Examination". *Minnesota History* 50, Nr. 7 (1987): 269–75.

Meriam, Lewis. *The Problem of Indian Administration*. Institute for Government Research: Studies in Administration. Baltimore: Johns Hopkins Press, 1928.

Ministerium für Heimat, Kommunales, Bau und Digitalisierung des Landes Nordrhein-Westfalen. „Ministerin Scharrenbach: Erbe des Urdemokraten Carl Schurz bewahren – Heimatförderung zur Erinnerung an den Freiheitshelden aus Erftstadt-Liblar", 2. März 2022. https://www.mhkbd.nrw/presse-und-medien/.

Mitteilungen der Vereinigung Carl Schurz (Berlin).

Nabokov, Peter und Vine Deloria, Hrsg. *Native American Testimony: A Chronicle of Indian-White Relations from Prophecy to the Present, 1492–2000*. New York: Penguin, 1999.

Nation.

Neue Mannheimer Zeitung.

New National Era (Washington, D. C.).

New Orleans Democrat.

New York Gazette.

New York Times.

New York Tribune.

Nichols, John. „What Carl Schurz and Walt Whitman Teach Us About Today's Struggle for Democracy". Democratic Vistas – A One Day Pop-Up Think Tank, Carl-Schurz-Haus, Freiburg, 15. Oktober 2022. https://www.youtube.com/watch?v=YwHk_0w0pPg.

Newland, Bryan. *Federal Boarding School Initiative Investigative Report*. Washington, DC: U. S. Department of the Interior. Bureau of Indian Affairs, 2022. https://www.bia.gov/sites/default/files/dup/inline-files/bsi_investigative_report_may_2022_508.pdf.

Norddeutsche Allgemeine Zeitung (Berlin).

Ostler, Jeffrey. *The Plains Sioux and U. S. Colonialism from Lewis and Clark to Wounded Knee*. New York: Cambridge University Press, 2004.

Papazoglakis, Sarah. „A ‚Fine Liberal' in Black Radical History: W. E. B. Du Bois's Strategic Citation of Carl Schurz". *American Studies* 58, Nr. 4 (2019): 97–118.

Piller, Elisabeth. *Selling Weimar: German Public Diplomacy and the United States, 1918–1933*. Stuttgart: Franz Steiner Verlag, 2021.

Pratt, Richard Henry. *Battlefield and Classroom: Four Decades with the American Indian, 1867–1904*. New Haven, CT: Yale University Press, 1964.

Richter, Hedwig. „Carl Schurz". Bundeszentrale für politische Bildung, 7. März 2023. https://www.bpb.de/themen/zeit-kulturgeschichte/revolution-1848-1849/518239/carl-schurz/.
Rheinischer Merkur (Bonn).
Ruppel, Kristin T. *Unearthing Indian Land: Living with the Legacies of Allotment*. Tucson, AZ: University of Arizona Press, 2008.
Saint Paul and Minneapolis Pioneer Press.
Schumacher, Frank. „Reclaiming Territory: The Spatial Contours of Empire in US History". In *Spatial Formats under the Global Condition*, herausgegeben von Matthias Middell und Steffi Marung, 107–48. Berlin/Boston: De Gruyter Oldenbourg, 2019.
Schurz, Carl. *Flucht in die Enttäuschung. Aus den Erinnerungen des Deutsch-Amerikaners Carl Schurz*. Berlin, DDR: Verlag der Nation, 1952.
Schurz, Carl. *Reminiscences of Carl Schurz*. 3 Bde. New York: McClure Company, 1907–1908.
Schurz, Carl. *Speeches, Correspondence and Political Papers of Carl Schurz*. Herausgegeben von Frederic Bancroft. 6 Bde. New York: Knickerbocker Press, 1913.
Schurz, Carl. *Speeches of Carl Schurz*. Philadelphia, PA: J. B. Lippincott Company, 1865.
Schurz, Carl. *Sturmjahre: Lebenserinnerungen 1829–1852*. Berlin, DDR: Verlag der Nation, 1973.
Schurz, Carl. *Unter dem Sternenbanner: Lebenserinnerungen 1852–1869*. Berlin, DDR: Verlag der Nation, 1977.
Senier, Siobhan. *Voices of American Indian Assimilation and Resistance: Helen Hunt Jackson, Sarah Winnemucca, and Victoria Howard*. Norman, OK: University of Oklahoma Press, 2001.
Silbernagel, Robert. *Troubled Trails: The Meeker Affair and the Expulsion of Utes from Colorado*. Salt Lake City, UT: University of Utah Press, 2011.
Sonthoff, Herbert. *Revolutionär – Soldat – Staatsmann: Der Deutsche und der Amerikaner Carl Schurz*. Leipzig: Reclam, 1936.
Sproat, John G. *The Best Men: Liberal Reformers in the Gilded Age*. London, UK: Oxford University Press, 1968.
Steinmeier, Frank-Walter. „Buchpräsentation: ‚Wegbereiter der deutschen Demokratie. 30 mutige Frauen und Männer 1789–1918'", 23. November 2021. https://www.bundespraesident.de/SharedDocs/Reden/DE/Frank-Walter-Steinmeier/Reden/2021/11/211123-Wegbereiter-Demokratie.html.
Steuben-Schurz-Bulletin (Frankfurt am Main).
Tägliche Deutsche Zeitung (New Orleans, LA).
Timm, Uwe. „Carl Schurz. Ein deutscher Revolutionär als amerikanischer Staatsmann". In *Wegbereiter der deutschen Demokratie. 30 mutige Frauen und Männer, 1789–1918*, herausgegeben von Frank-Walter Steinmeier, 265–76. München: C. H. Beck, 2021.
Trefousse, Hans L. *Carl Schurz: A Biography*. 2. New York: Fordham University Press, 1998.
Trefousse, Hans L. „Carl Schurz and the Indians". *Great Plains Quarterly* 4, Nr. 2 (1984): 109–20.
Trommler, Frank. „The Carl Schurz Memorial Foundation, Nazi Germany and German Americans". In *Yearbook of German-American Studies*, 54: 159–86. Jostens, Clarksville, TN: Society for German-American Studies, 2019.
U. S. Congress. *Congressional Globe*.
U. S. Congress. *Congressional Serial Set*.
U. S. Congress. *Congressional Record*.
U. S. Secretary of the Interior. *Annual Report of the Secretary of the Interior*. Washington, D. C.: U. S. Government Printing Office, 1877–1881.
Vagts, Alfred. *Deutschland und die Vereinigten Staaten in der Weltpolitik*. 2 Bde. London: Lovat Dickson & Thompson, 1935.

Varnhagen Sammlung. Biblioteka Jagiellońska, Krakau. https://jbc.bj.uj.edu.pl/.
Vereinigte Staaten von Nordamerika 1, 16. Politisches Archiv des Auswärtigen Amtes, Berlin.
Vorwärts (Leipzig; Berlin).
Vossische Zeitung (Berlin).
Walton, Hanes, Sherman C. Puckett und Donald R. Deskins. *The African American Electorate: A Statistical History*. Los Angeles, CA: Sage, 2012.
Washburn, Wilcomb E. *The Assault on Indian Tribalism: The General Allotment Law*. Philadelphia, PA: J. B. Lippincott Company, 1975.
Washington Post.
Weekly Standard (Washington, D. C.).
Weigel, Christiane. „Demokratische Erinnerungskultur in Deutschland und den USA: Carl Schurz und sein Leben für die Demokratie". Landesbildungsserver Baden-Württemberg. Zugegriffen 26. März 2023. https://www.schule-bw.de.
Welch, Richard E. „The Federal Elections Bill of 1890: Postscripts and Prelude". *Journal of American History* 52, Nr. 3 (1965): 511–26.
Weltpost (Leipzig).
Westliche Post (St. Louis, MO; tägliche und wöchentliche Ausgaben).
White, Eric M. „Interior vs. War: The Development of the Bureau of Indian Affairs and the Transfer Debates". M. A. Thesis, James Madison University, 2012.
Wilentz, Sean. *Chants Democratic: New York City and the Rise of the American Working Class, 1788–1850*. Oxford: Oxford University Press, 2004.
Wilm, Julius. „Jenseits der Legende vom guten Deutschen: Carl Schurz in den USA". Geschichte der Gegenwart, 24. April 2022. https://geschichtedergegenwart.ch/jenseits-der-legende-vom-guten-deutschen-carl-schurz-in-den-usa/.
Wooster, Robert. *Nelson A. Miles and the Twilight of the Frontier Army*. Lincoln, NE: University of Nebraska Press, 1996.
Wright, Jan. *Oregon Outcast: John Beeson's Struggle for the Indians, 1853–1889*. Lulu.com, 2018.

Register

Adams, Charles 37
Afroamerikaner
– bürgerrechtliche Bestrebungen 26, 29, 31, 70
– Rassismus gegen 12, 14, 22, 25, 30, 61
Ahrens, Hanns Dietrich 65
Allotment *siehe* Indianerpolitik: Allotment
American Anti-Imperialist League 69
Antisemitismus 57, 65
Antisklavereibewegung 8–11, 27, 68
Assing, Ottilie 11, 21–22
Atkinson, Edward 52
Baumgardt, Rudolf 65
Beeson, John 54
Brown, Benjamin Gratz 20
Brown, William G. 23–26, 28, 58
Brulé-Lakotas 46–47
Bundespräsidialamt 2–3
Bundesrepublik Deutschland 66
Büro für Indianerangelegenheiten
– Ressortstreit des Kriegs- und Innenministeriums 33–35
Bushyhead, Dennis W. 1, 49–50, 58
Carl-Schurz-Haus (Berlin) 64
Carl-Schurz-Haus (Freiburg) 4, 27
Carlisle Indian Industrial School 43–45, 47–48, 69
carpet baggers 18
Carson, John Miller 46
Cherokees 1, 48–49
Chickasaws 48
Chile 16
Chinesen
– Rassismus gegen 57
Choctaws 48
Colorado 36–38, 41–42, 45, 54, 69
Dakota Territory 45
Dawes, Henry L. 7, 59
Demokratische Partei 12, 20, 27
Demokratische Politik 8–10, 32, 57–58
Deutsch-Französischer Krieg (1870/71) 15
Deutsche Demokratische Republik 66
Deutsche Zeitung (New Orleans) 23
Deutsches Kaiserreich 57, 60–61
Dodd, William E. 65

Dönhoff, August von 46
Douglass, Frederick 1, 11, 20, 27, 58, 60, 67
Draeger, Hans 65
Du Bois, W.E.B. 31
Efford, Alison Clark 6, 15
Erdogan, Aynur 27, 42, 56
Evarts, William M. 27
Evening Post (New York) 29–30, 51, 53, 55, 69
Federal Elections Bill 30
Fillmore, Millard 60
Foner, Eric 21
Forest Grove Indian Industrial Training School 43
Fraenkel, Ernst 66
Gaullieur, Henri 46
Geiger, Rudolf 28, 56
General Allotment Act (1887) 44, 69
Geschichte der Gegenwart (Blog) 2–3
Goddard, Martha LeBaron 51–52
Goebbels, Joseph 64
Gottfried Kinkel 68
Grant, Ulysses S. 18, 24
Great Sioux Reservation 46
Gutmann, Amy 14
Hanna, Edwin P. 46
Harper's 24, 30, 69
Harsha, William Justin 52–53
Hatch, Edward 38, 41
Hayes, Rutherford B. 2, 27, 32, 68
Hayes, Webb C. 46
Hitler, Adolf 64
Hochbruck, Wolfgang 27, 42, 56
Howe, Timothy O. 27
Ilgner, Max 64
Imperiale Politik 8–9, 58
Independent (New York) 49
Indian Journal (Muskogee) 48, 55
Indian Territory 36, 45, 48–49
Indianerpolitik 51
– Allotment 32, 36, 44–46, 49, 54–56, 59, 63, 69–70
– Entzug von Lebensmitteln 38–41
– Forderung nach rechtlicher Gleichstellung 12, 32, 52, 54, 70

- Internate 32, 43, 45, 51, 69–70
- Militärische Gewalt 33–35, 56
- Zwangsassimilation 32–34, 37, 43–44, 58–59, 62

Indigene
- Rassismus gegen 14, 16, 56

Jackson, Helen Hunt 1, 41, 54, 59
Jim-Crow-System 28–30, 62, 69
Johnson, Andrew 11
Käppner, Joachim 3
Keßler, Walter 28, 45
Kinkel, Gottfried 9
Kollender, Andreas 28
Krüger, Wilhelm 64
Ku Klux Klan Act 22, 24, 68
Ku-Klux-Klan 4, 18–20, 22
Liberal Republicans 24, 26–27, 68
Liblar 1, 62, 64, 68
Lincoln, Abraham 11, 60
Lodge, Henry Cabot 30
Louisiana 23, 28
Louisianian 23–27
Maass, Joachim 66
Meeker, Nathan 37, 69
Meigs, Montgomery C. 35
Miles, Nelson A. 56
Missouri 18–20, 68
Morton, Oliver H.P.T. 27
Muskogees (Creeks) 48, 72
Nast, Thomas 24, 59
Nation 4, 69
National Civil Service Reform League 69
National Convention of Colored People (1872) 26
Nationalsozialismus 63, 65
New National Era 1, 11, 20, 22, 67
New Orleans Democrat 27
New York Times 46, 64
New York Tribune 1, 41
Niagara Movement 31, 70
Nichols, John 4–5, 14
Norddeutsche Allgemeine Zeitung 60
Ouray 37, 40, 42, 58
Papazoglakis, Sarah 31

Pazifischer Krieg (1879–1884) 16
Peru 16
Phillips, Wendell 13
Poncas 36
Pratt, Richard H. 45
Preetorius, Emil 11, 16–17
Rassentrennung 28, 69
Reconstruction 2, 11, 18–20, 22, 27, 68
Republikanische Partei 18, 20, 24, 68
Richter, Hedwig 5
Seminolen 48
Sherman, William T. 34
Spiegel Geschichte 59
Spotted Tail 46–48, 51
Stresemann, Gustav 62
Süddeutsche Zeitung 3
Trefousse, Hans 6, 29, 42
Trumbull, Lyman 27
US-Verfassung 8
- 13. Verfassungszusatz 27, 68
- 14. Verfassungszusatz 19, 68
- 15. Verfassungszusatz 19–20, 68
Utah 42
Utes 1, 36–37, 43, 45
- Southern Utes 38–39, 42
- Uncompahgre Utes 37–42
- White River Utes 37–43, 69
Vereinigung Carl Schurz 62, 64–65
Vorwärts 61
Vossische Zeitung 61
Voting Rights Act (1965) 30
Washington Post 1, 40–42
Washington, Booker T. 6, 31, 63
Weimarer Republik 61–62
Weiße Vorherrschaft 7, 15–16, 22, 29, 32, 59
Weltpost (Leipzig) 59
Westliche Post 11–12, 16–17, 28, 32, 68
Wilhelm II. 61
Wisconsin 9
Wounded Knee (1890) 56
Zwangsassimilation *siehe* Indianerpolitik: Zwangsassimilation